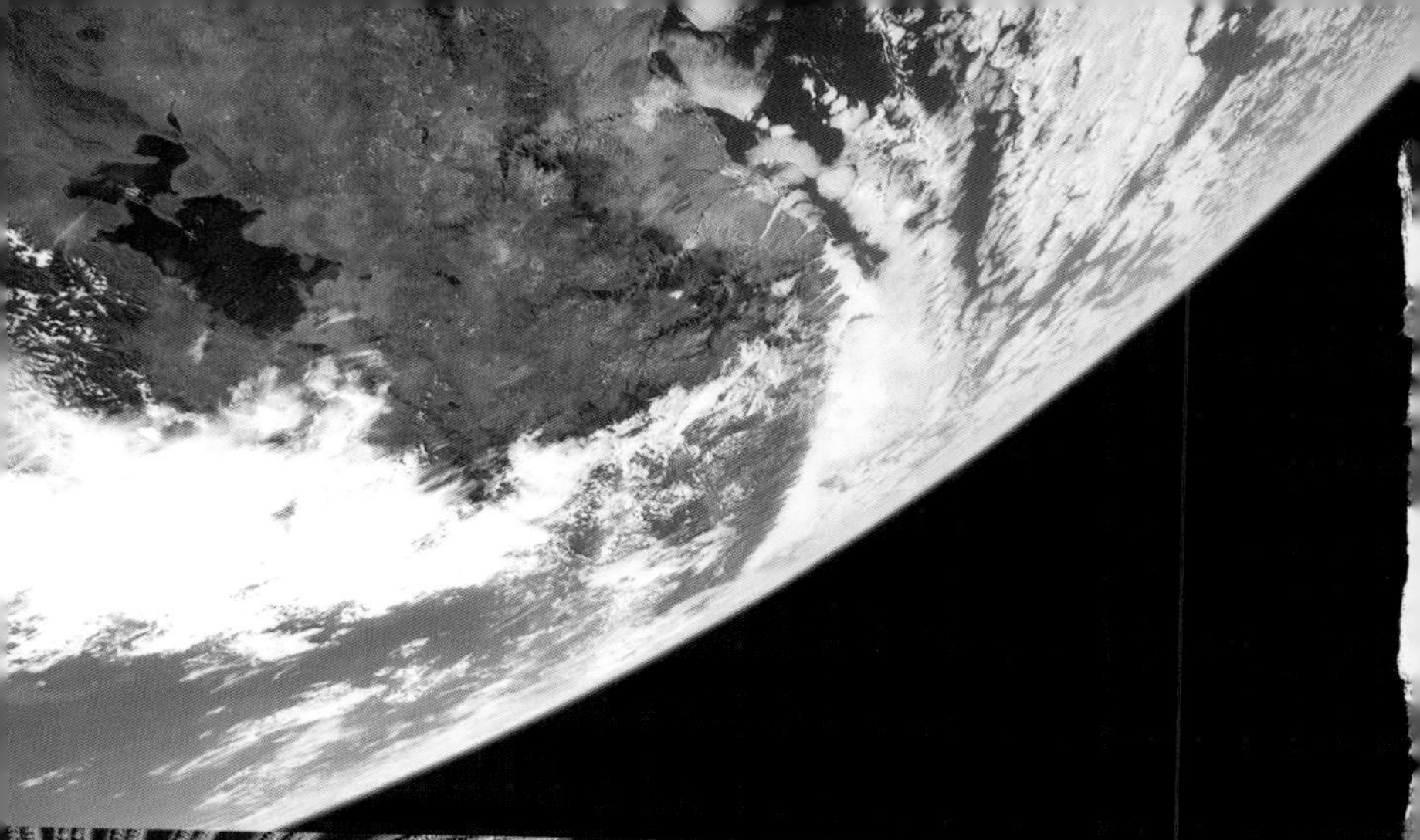

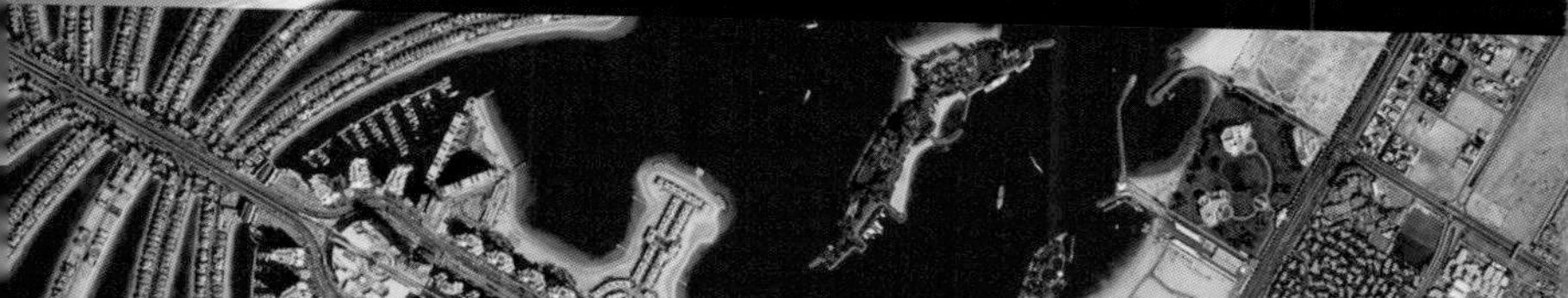

上：キヤノン電子の超小型人工衛星、
CE-SAT-Iの広域撮影用のサブカメラ「PowerShot S110」から撮影した
南米大陸・アンデス山脈のペルー南部と、ボリビア西部にまたがる「チチカカ湖」。

下：CE-SAT-Iのメインカメラ「Canon EOS 5D MarkⅢ」で撮影したドバイ。
EOSは口径400mmの反射望遠鏡と組み合わせてあり、地上分解能は0.9m。

CE-SAT-I
2017年6月に打ち上げられた超小型人工衛星の内部イメージ。外寸500×500×850mm、質量65kg。

CE-SAT-Ⅲ
2018年2月に打ち上げられた超小型人工衛星TRICOM-1R（東大が主導し、キヤノン電子も開発に参画）と同型。外寸100×100×300mm、質量約3kgという小ささ。

CE-SAT-Ⅱ
2020年10月に打ち上げられた実物。外寸292×392×673mm、質量35kgとCE-SAT-Iよりさらに小型に。

左遷社長の逆襲

CHANGE OR FALL

ダメ子会社から宇宙企業へ、
キヤノン電子・変革と再生の全記録

キヤノン電子会長
酒巻久

朝日新聞出版

まえがき

日本の製造業、ものづくりは、もう終わった。価格競争では中国、韓国など新興諸国に勝てず、ＧＡＦＡと呼ばれる巨大ＩＴ企業はすべてアメリカ発の企業で、日本は完全に新しい技術の波に乗り遅れている。

このように言われ出して、既にかなりの時が経《た》っている。

キヤノンとキヤノン電子で50年以上、ものづくりに携わってきた私としては、このように言われていることが、悔しくてならない。確かに日本のものづくりは、この20年ほど、かつて「ジャパンアズナンバーワン」と言われた頃の勢いに較《くら》べれば、元気はないかもしれない。

しかし、戦後、日本人が脈々と築き上げてきたものづくりの技術力、底力は、まだまだ凄《すご》いものがある。それが私の確信であり、本書で伝えたいことである。

私はキヤノンで複写機やパソコンの開発に携わり、１９９９年にキヤノン電子の社長に転じてからは、会社のアカスリ（ムダの排除）を徹底し、売上高経常利益率を１％台から10％超の企業に６年で成長させた。

そして、会社にためた利益を使って、人工衛星とロケット、さらにロケットの打ち上げ場を和歌山に建設するなど、宇宙事業にこの10年ほど力を注いできた。

企業はつねに市場に対応しつつ変化を続けなければ、生き残れない。いま稼いだ利益で未来への投資を行わない企業は必ず淘汰《とうた》される。キヤノンもカメラメーカーとして出発し、ライカをベンチマークとして成長し、そこで稼いだお金を投資して複写機事業に進出して、巨人ゼロックスを追いかけて成長してきた。

キヤノンだけでなく、たとえば富士フイルムも、フイルムメーカーに安住せずに、技術を転用して新しく、医療や化粧品の分野に進出したからこそ、いまも生き残っている。フイルムメーカーとして一時代を築いたコダックは、新たな投資を怠り、変化を忘れてしまったがゆえに倒産した。

これが私が言いたいもう一つのこと、「会社は必ず変われるし、変わらなければ生き残れない」ということだ。

私はものづくりで、多くの先輩、上司に恵まれてきた。それはキヤノンの上司、先輩に限らない。松下電器との仕事で頭に来たことがあり、松下幸之助会長に抗議の手紙を出し、呼び出されて、直接にお話を伺ったこともあった。日本のメーカー同士は、ライバルではあるが、時に会社の垣根を越えて、お互いに技術を教え合い、助け合い、日本の国全体で成長してきたのだ。

私がキヤノン電子の社長となってから行ってきたことは、多くの先輩から受け継いだものづくりの技術、魂を新たな世代に引き継ぐことだった。新しい挑戦は簡単にはいかないし、つらい。しかし、だからこそやりがいがあり、面白い。そのことを私は複写機の開発で教えてもらったし、現在、宇宙事業への参入で、その苦しみと喜びを、多くの若い社員と分かち合っている。

ものづくりの醍醐味《だいごみ》は、多くの人との協業にある。私が偉そうに、一人、旗を振っても、それを信じて、ともに進む社員がいなければ、何も成すことはできない。

そのことを伝えるためにも、本書ではあえて三人称とし、私以外のものづくりにかける社員の姿も多数、描くこととした。

三人称で話を書くということは、物語をつくるということである。ものづくりには、多くの物語が詰まっている。大きな壁にぶつかって苦しみ、小さな達成に喜ぶ。その繰り返しが仕事人生そのものであり、そこには多くの喜怒哀楽が詰まっている。サラリーマンであれば、人事についても喜怒哀楽がついてまわるが、自分の本意でない異動であっても、そこで腐ってしまえば、それで終わりである。どんな仕事も、そこで世界の一流を目指して勉強を重ねれば、必ず面白くなる。

喜怒哀楽もさしてなく、言われたことだけをこなすような仕事の仕方では、本当の仕事の醍醐味には行きつけないと思う。

本文中で「酒巻」として出ている箇所に、自分の名前を入れて読んでいただけたらと思う。拙《つたな》い私の仕事人生の物語を追体験していただくことで、読者の方自身の仕事人生の物語に何かしら残るものがあれば、著者として幸甚である。

なお、キヤノン株式会社の御手洗《みたらい》冨士夫会長兼社長兼最高経営責任者（ＣＥＯ）と私の前任のキヤノン電子株式会社代表取締役社長の故・田中正博氏、宇宙関連の私の師匠である故・坂田俊文《としぶみ》東海大学名誉教授、宇宙事業でお世話になっている中須賀真一東京大学大学院教授、他数名を除いて、登場人物は仮名とした。

本書で日本のものづくりの力が少しでも伝わることを願っている。

２０２１年　11月

キヤノン電子会長　酒巻　久

CHANGE OR FALL

目次

2章

利益が出る組織に作り変える

――2年目からは一気に改革を進める①

3章

強みを見極め、自ら動く社員に変える仕掛けを作る
――2年目からは一気に改革を進める②

全社的な戦略

「ヒント・質問」ささやき作戦

4章　宇宙への挑戦

5章　宇宙ビジネス始動

/1/ 短納期・低コストの超小型人工衛星
——部品の内製化で起こす宇宙事業の生産革命

/2/

一気通貫の丸ごと宇宙ビジネス
——ロケットも射場も自前で作る

カバー・口絵デザイン／小口翔平＋奈良岡菜摘（tobufune）
カバーイラスト／船津真琴
本文デザイン／朝日新聞メディアプロダクション
本文図版作成／加賀美康彦

序章　左遷

異例の人事

秩父《ちちぶ》の春は、東京よりほんの少し遅い。

まだ五分咲きくらいだろうか――。

1999年3月末、酒巻久は西武線の特急列車の車窓に見ごろを迎えた沿線の桜を眺めながら、これから赴任する埼玉県西部の山間《やまあい》の小さなまちの春を思った。

「秩父へ行ってくれないか」

キヤノンの御手洗冨士夫社長から東証一部上場の子会社キヤノン電子（本社・埼玉県秩父市）の社長就任を要請されたのは、前年の秋口だった。キヤノン電子は、カメラ部品や複写機、スキャナーなどの精密機器を製造する電機メーカーだ。

酒巻は1967年にキヤノンに入社以来、長く複写機やワープロ、コンピュータなどの研究開発畑を歩き、当時は工場の生産性向上などの責任者である常務取締役生産本部長の任にあった。キヤノンで常務になれば、普通は専務まで務める。常務から子会社の社長になることはまずない。

しかもキヤノン電子は、いまでこそ高収益企業として知られるが、当時は利益率1%台にすぎず、しかも多額の借入金や不良資産を抱え、実質的には赤字経営だった。キヤノンの常務が、そんな会社を任されるのは極めて異例で、明らかに「左遷」だった。

それでも酒巻は、躊躇《ちゅうちょ》なくこの話を受けた。それは若い頃に世話になった恩義のある先輩のたっての頼みであったからだ。

「これはキヤノン電子の田中正博社長の指名なんだ。酒巻君でないとキヤノン電子は再建できない――。田中さんがそう言うんだよ。だから悪いんだけれど、引き受けてくれないか」

御手洗社長は異例の人事の理由をそう明かした。


酒巻は若い頃からもの言う社員だった。

あるとき、社内の通信ネットワークの構築に関する50ページほどの企画書をまとめ、上司に提出した。ところが、ろくに読みもしないで「これではダメだ」と突き返された。わかりにくいのか、説得力不足なのか、考えられる問題点を修正し、再提出した。だが今度も上司は、2、3枚めくっただけで、「ダメだ」と突き返した。

同じことがさらに何度か続いたある日、腹に据えかねた酒巻は、

「若い社員の提案を全否定するような会社では働けません」

そう上司に言い放つと、そのまま家に帰ってしまい、翌日から出社拒否に及んだ。いまなら、あのときの上司は、どれだけ本気なのか、自分を試していたんだろうなとわかるが、当時はそこまで考えが及ばなかった。だから、本気で会社を辞めるつもりだった。

1週間ほどして、上司から電話があった。

「あの企画をやらせてやるから、いつまでも家にいないで、会社に出てこい」

出社拒否は、退社するつもりだった酒巻にしてみれば、ブラフではなかったが、職を賭しての覚悟を上司に突き付けるには十分で、結果的に企画の実現につながった。酒巻がそこまで自分の企画にこだわったのは、今後のキヤノンの経営を考えたとき、これはいまやらなければならない喫緊《きっきん》の課題であるという確信と使命感があったからだ。酒巻の提案はその後システムセンターという新しい組織に結実している。


会社のために自分はいまここで何をすべきか――。

それは会社人としての酒巻の行動原理であり、必要と思えば、上司はもちろん会社幹部に対しても臆することなく率直な意見や考えを具申した。ただし直言というのは、それがどんなに正しくてもたいてい疎《うと》まれる。社内の政治力学ではマイナスに働くことが多い。

それでも酒巻はキヤノンで役員にまでなった。それは一流国立大学出身のエリートに比べて自分の能力は劣ると自覚し、人の何倍も勉強し、不断の努力を続けた結果だった。

一般的に、出世するには上司に好かれるか、実力を評価されるか、どちらかだが、世間では実力より上司に阿諛追従《あゆついしょう》して出世の階段をのぼろうとする者が少なくない。実績と昇進はしばしば無関係で、誰もが驚くような不可解な人事がまかり通ったりする。酒巻も会社というのはそんなものだと承知していたが、それでも上司にゴマをすってまで出世したいとは思わなかった。だから上司とは釣りやゴルフや引っ越しの手伝いなど仕事以外の付き合いはほとんどしなかった。そうなると個人的な付き合い抜きで、純粋に仕事のできる部下として上司の信頼を勝ち取る必要がある。人の何倍も勉強したのはそのためだ。

もともと酒巻は、出世より夢の実現こそが願いで、どこに異動になろうが、どんな仕事を与えられようが、いつもいい仕事がしたい、この分野で第一人者になりたい、そればかり考えて生きてきた。

よく面白い仕事をしたいという人がいるが、それは結局、自分次第で、本来、仕事に面白いもつまらないもない。酒巻は仕事を与えられると、それがどんな仕事であっても——他人からはひどくつまらない仕事に見えたとしても——いつも一番になることをめざした。そうやって夢と目標を定め、自分を鼓舞することで、仕事は楽しくなるし、成果も上がる。実際、キヤノン時代の酒巻は、開発、ソフトウェア、システムなどしばしば赤字の部署を任されたが、そのたびに一番をめざすことで立て直しに力を発揮した。

たとえ意に沿わない異動であっても、自分でいい仕事にすることができれば、結果は出せるし、自然と昇進もついてくる。そうなれば、いずれは周囲に押される形で、それなりのポストまでは上がる。ゴマすりとは無縁のもの言う社員であっても、誰もが認める能力、実績があるなら、社長はともかく、役員まではいくものだ。酒巻がまさにそうだった。

出世よりいい仕事が信条でやってきた酒巻だったが、御手洗社長から秩父の話を切り出されたときは、挫折感というほど大袈裟《おおげさ》なものではないが、これでキヤノンでのキャリアは終わったな、と思ったのも事実である。

直言居士《ちょくげんこじ》のツケがまわってきたか。

そんな思いが脳裏をかすめる一方で、しかし考えてみれば、一言多い自分がよくここまで来たものだ、と妙に可笑《おか》しくなり、つい皮肉交じりの軽口になった。

「これは左遷ですよね」

「まあ、そう言うなよ。田中さんの頼みなんだから」

車窓を流れる武蔵野《むさしの》の春の景色を追いながら、酒巻は苦笑する御手洗社長の顔を思い返していた。歯に衣《きぬ》着せぬもの言いは、若い頃から自ら敵を作り、ときにいじめにあう原因にもなった。

そんなとき何かと気にかけ、面倒を見てくれたのが田中正博だった。キヤノンのカメラ部門の責任者だった人物で、事務機部門の酒巻とは部門は違ったが、酒巻が社内で批判されているときも、「君の言っていることはもっともだ」と理解を示し、予算がないときなどは、「うちのやつを使えばいい」とまわしてくれるなど、陰になり日向《ひなた》になり応援してくれた。

だから2年前の1997年春に田中がキヤノンの専務からキヤノン電子の社長になると、生産本部長だった酒巻は、「工場のことなら私のほうが詳しいですから」と、できることは何でも協力した。「赤字が減らない。売るものがない」と聞けば、キヤノンの基幹商品の一つのスキャナーをキヤノン電子で生産できるように尽力したりもした。

田中は人望のある大変に優秀な経営者だったが、会社の再建に苦労しているのは酒巻の耳にも届いていた。営業と管理に抜群に強い一方で、「オレには技術はわからない」と自ら認めるように、基本的には事務屋のスペシャリストだった。

このため田中の指名と聞かされたとき酒巻は、

「秩父には工場がある。営業、管理だけでなく、技術もわかる経営者でないと再建は無理だ。

あの会社を立て直せるのは、酒巻、お前しかいない。後は頼む」

そう言って田中に頭を下げられたと受け止めた。

スティーブ・ジョブズからの電話

酒巻がキヤノンを離れるらしい――。

業界雀《すずめ》は耳が早い。酒巻が子会社の社長就任を要請されたという話は、たちまち業界を駆け巡り、海外にも届いた。酒巻は海外での経験も豊富で、知己《ちき》も多い。「キヤノンを離れるならぜひうちに」と外資系企業からヘッドハントがかかった。

真っ先に連絡があったのはコダックで、次に電話を寄こしたのは、いまは亡きアップルのスティーブ・ジョブズだった。キヤノンは1989年、アップルを追われたジョブズが85年に立ち上げたネクストコンピュータに出資している。きっかけは酒巻のチームが開発し、88年に発売した「NAVI」というパソコンだった。電話とファクス、ワープロ、パソコンを一つにしたもので、タッチパネル方式の画面に触ることで、電話をかけたり、文書の送受信ができた。いまでこそタッチパネルは当たり前だが、当時としては画期的な製品だった。キヤノンによるネクストコンピュータへの出資は、NAVIの先進性に感動したジョブズから、

「世界を驚かせるような新しいコンピュータを作ろう」と持ちかけられた酒巻が、首脳陣を説得して決まったことだった。

残念ながら時代を先取りしすぎていたため大きな赤字を出して撤退したが、キヤノンにはソフトウェアやデジタル通信分野での人材育成という成果が残った。

酒巻とジョブズの付き合いはそれ以来で、１９９７年にジョブズがアップルに復帰して以降も変わらぬ交友が続いていた。ジョブズは電話を寄こすなり、言った。

「米国に来いよ。一緒にまた面白い仕事をやろう」

当時、ジョブズは、ｉＭａｃで市場を席捲《せっけん》し、アップルの復活を世界中に印象付けているときで、のちに世界に衝撃を与えるｉＰｏｄやｉＰｈｏｎｅの開発に取り組んでいる真っ最中だった。ジョブスは酒巻に、

「相談役になってｉＰｈｏｎｅの開発を手伝ってほしい」

と提案した。ジョブズはやり手だから敵も多かった。酒巻は、天才と呼ばれた稀代《きたい》のカリスマ経営者の孤独に心を寄せながら、味方が欲しいのかもしれないな、と思った。

のちのことになるが、ジョブズは、ｉＰｈｏｎｅの開発にはＮＡＶＩのアイデアが生かされていることを酒巻に明かしている。技術者としての酒巻への最大級の賛辞だった。

酒巻のもとにはほかにも外資系からいくつか話があったが、ジョブズの誘いも含めてすべ

て断った。いまさら外国のために働く気にはなれなかったからだ。

酒巻は大学を卒業するとき、ＩＢＭを受験し、合格したが、米国の本社勤務と聞いて入社を辞退している。時代は東京五輪をはさんだ日本の高度成長期。産業界は欧米に伍《ご》して戦う意気に燃えていた。働くなら、やはり日本のために働きたい、そう思った。

それでキヤノンに入り、複写機で「打倒ゼロックス」を掲げ、米国の巨人と壮絶なビジネス戦争を繰り広げることになるのだが、その渦中にゼロックスからヘッドハントを受け、断ったこともあった。まだ若手と呼ばれた頃のことで、酒巻はゼロックスを追い詰める特許や論文を次々に発表していた。敵は気鋭の若手キーパーソンの引き抜きに出た。

当時、酒巻の月給は１万７５００円。ゼロックスが提示したのは、年俸１０００万円に買ったばかりの住宅ローンの残債もまるごと肩代わりするという破格の条件だった。

それでも酒巻は首を縦に振らなかった。

日本のために、米国や欧州に負けないものづくりがしたい――。

キヤノンに入社以来、酒巻はずっとそう思って仕事をしてきた。それは旧知のジョブズなどから熱心な誘いを受けてもまったく揺らぐことはなかった。

一つだけつけた条件

キヤノンの役員が子会社の社長になる場合は、通常、本社に籍を残したまま出向で赴《おもむ》く。社長を退任すれば、本社に戻って顧問という形で再雇用される。それがならいだ。

酒巻はしかし、キヤノンに籍を残さなかった。籍があると、キヤノン本社への詳細な報告義務があるが、退職すればそれから解放される。もとより戻るつもりもなかった。心機一転、秩父へ赴くためにも退職させてほしいと自ら申し出たのだ。

長く勤めたキヤノンを去ることにはもちろん一抹の寂しさがあったが、一方で赤字の子会社とはいえ東証一部上場の企業のトップとして腕を揮《ふる》えることに心躍るものを感じてもいた。それに秩父にはいくつかゴルフ場があるし、札所《ふだしょ》巡りで知られる34カ所の観音霊場もある。少し足を延ばせば、両神《りょうかみ》や雲取《くもとり》など百名山に名を連ねる奥秩父の名峰にもすぐに入ることができた。ゴルフや山歩きが趣味の酒巻にとって、秩父は悪くない新天地だった。

「貧乏くじを引かされた」と同情する向きもあったが、もともと酒巻はどれほど意に沿わない異動であっても、それをいい仕事に変える術《すべ》を心得ていた。キヤノンを退職することで気持ちの切り替えを済ますと、あとはサバサバしたもので、還暦を前に巡ってきた左遷という厄難を人生の新しいチャレンジに変えて、好きなゴルフや山登りでもしながらせいぜい楽しむつもりでいた。それにはこれまでそうしてきたように夢と目標にすべき新たな「めざすべき一番」が必要だが、すでにそれについての腹案も用意してあった。

そのために酒巻は、社長受諾の条件を一つだけつけた。それは「今後3年間、キヤノンに匿名の投書が届いたら封を切らずにすべて私に転送してほしい」というものだった。

前任の田中は優秀な経営者だった。その田中が「オレには無理だ」と匙《さじ》を投げるのだからキヤノン電子の立て直しが容易でないのは最初からわかっている。思い切った改革を断行しなければならず、当然、反発もあるだろう。そんなとき改革に反対する子会社の抵抗勢力がよくやるのは、新任社長の批判を虚実ないまぜにしてあれこれ書き連ねた匿名の投書を親会社に送り付け、新任社長に対する親会社の信頼を傷つける、という計略である。

酒巻は、キヤノン電子を預かるからには、田中の頼みでもあり、何としても再建したいと考えた。それには少なくとも3年は必要だ。それでつけた条件だった。

御手洗社長は約束を守った。のちにキヤノン本社には酒巻を非難する投書が予想どおり届くが、すべて開封せずに酒巻のもとに転送された。御手洗社長は酒巻の手腕を信じたのだ。

身一つでの着任

西武線の特急で東京池袋から1時間20分余り。列車は正丸《しょうまる》トンネルを抜けるとまもなく終点の西武秩父駅に滑り込んだ。奥秩父山塊を西にのぞむ秩父盆地の桜は、やはりまだ五分咲き程度だった。酒巻は一人ホームに立った。東京より空気が少しひんやり感じた。

酒巻はキヤノン電子の新任社長として着任するに当たり、部下も秘書も誰一人連れて行かなかった。世間では子飼いの取り巻きを連れての異動が珍しくないが、それは受け入れる側から見れば、「占領軍」にしか見えない。トップに付き従う秘書や部下は、ボスの威光を笠《かさ》に着て「虎の威を借る狐《きつね》」になりやすい。トップに上がる前の情報を握れることから派閥の温床にもなる。酒巻は、悪しき側近政治とも言うべき、そうした子飼いの取り巻きを連れての異動の弊害をキヤノン時代に見てきた。

だから、御手洗社長の「誰も連れて行かなくていいのか」という気遣いにも、「いや、けっこうです。秘書は向こうで募集します」と答え、身一つで秩父へ赴任した。

酒巻は、それまでの経験から、赤字の部署や会社の再建には、最初の1年（小さい部署なら3カ月から半年）は人事に手をつけず、人物観察と赤字の原因究明に徹する必要があることを知っていた。拙速な人事は、適材適所の人材登用を難しくするだけでなく、その部署や会社が抱えている赤字のほんとうの原因を見えにくくするからだ。一般に組織の改革、立て直しにはスピードが要求されるが、最初の1年は周囲も目をつぶって許してくれるし、待ってくれる。

まずは1年、先入観を排除して、じっくり観察だな――。

酒巻はそう思いながら駅の改札を出た。

1章

残す人を見極める

——1年目にまずやるべきこと

改革のロードマップ

酒巻は秩父へ単身で赴任した。住まいは前任の田中も居住した借り上げ社宅で、市の中心部に鎮座する秩父神社（秩父地方の総鎮守）のすぐそばにあった。秩父の中心市街地は、はるか東京湾に注ぐ荒川右岸の河岸段丘に広がる。キヤノン電子の本社と併設の秩父工場は、新居から西へ２㎞弱。車ならほんの数分だが、歩くと25分ほどかかった。

「キヤノン電子を再建したい。そのための経営方針を述べたいと思います」

酒巻は、役員・幹部社員約20人との初顔合わせの席で、社長就任の挨拶もそこそこに早速そう切り出すと、改革のロードマップと言うべき次の五つの経営課題を示し、

「これを①から順番に実行していきます」

と宣言した。

①コスト削減（経営資源のムダ削減）
②営業収支の改善（利益優先）

③自己資本の充実（無借金化）
④コアビジネスへの注力（技術の見直しと強化）
⑤顧客重視（ニーズ指向の原点回帰）

「真っ先に行うべきはコスト削減です。一般に業績のよくない会社は売上の20～30％にムダがあるとされます。これを7～8％に抑えることができれば、ムダの10～20％を利益に転換できる。価格競争力もつく。ムダをなくせば、その分、利益の掘り起こしができるし、市場での競争力もつきます。だからムダをなくす。

次に行うのは営業収支の改善です。コスト削減と密接に関係することで、コストが下がれば、必然的に営業収支も改善します。低成長が常態化する厳しい経営環境のもとでは、売上より利益優先で、経営資源のムダをなくし、営業収支の改善に努める必要があります。

三番目は自己資本の充実です。それにはムダをなくして営業収支を改善し、もっと利益の出る会社にしないといけない。そうすることで初めて借金が減らせるし、自己資本も充実する。自己資本が充実していれば、自分たちのお金でいつでも好きなときに研究開発を始めることができます。それで開発に見通しがつけば、頼まなくても銀行のほうから、もっと開発資金が入用ではないですか、と言ってくるし、金利だって安くしてくれます。金利が高ければ、お金はあるので別に借りなくてもいいんですよ、と言えますから。銀行の借り入れに頼っていてはそうはいきません。事業計画についてあれこれ言われ、すぐには研究開発にとりかかれない。銀行の都合で下手をすればすぐに2、3年経《た》ってしまう。これではいくらいいアイデアを思いついても、あとから来た会社に先を越されてしまいます。

四番目はコアビジネスへの注力。これは将来必要なコア技術を見極め、いまからしっかり投資をしましょうということです。具体的には本業にコア技術を加味して川下（加工組立）から川上（材料開発）へと多角的に展開します。

最後の五番目は顧客重視。私たちは常に顧客の視点に立ったニーズ指向であるべきなのに、知らず知らずのうちに自分たちに都合のいい生産者の視点でシーズ（種＝開発した技術）指向のものづくりをしがちです。そして売れないと、見る目がないのだと顧客のせいにしたりする。最悪です。原点のニーズ指向に立ち返って顧客が真に望む性能と価格を追求しないといけません」

役員・幹部社員はみなメモを取りながら聞いていたが、多くは下を向いたまま酒巻にろくに顔を向けることもなかった。話がつまらないのか理解できないのか、古参の幹部のなかにはポカンとしている者もいた。熱をまるで感じなかった。

赤字の会社や組織は例外なくトップやリーダー層がたるんでいる。緊張感がない。眼前に広がる光景とキヤノン電子の経営不振を思い、原則に例外なし、と心中密《ひそ》かに苦笑した。

酒巻経営改革①　ムダの削減
業績のよくない会社は、売上の20〜30%にムダがある。これを7〜8%に抑えれば、ムダの10〜20%を利益に転換できる。まず、すべきはムダの削減。

めざすのは「世界トップレベルの高収益企業」

それでも酒巻はこの会社を再建しないといけない。気を取り直してこう続けた。
「いまお話しした五つの経営課題ですが、実はシティコープのジョン・リード会長が経営危機に陥った同社を１９８０年代半ば以降に再建した方法、手順とまったく同じです。当時私は米国に頻繁に出張しており、彼が劇的に経営再建を成し遂げるのを現地でつぶさに見ていました。金融と製造で業種は違いますが、企業経営の本質はまったく一緒です。それで参考にしました」

世界のビジネス史に残る経営再建の成功事例の応用、アレンジと聞いて、それまで下を向いていた者もにわかに興味を覚えたのだろう、すっと顔を上げ、酒巻に視線を送った。

「コア技術を活用して川下から川上へというのは、ジョン・リードがそうしただけでなく、経営学の泰斗のピーター・F・ドラッカーも同じことを言っています」

人は無名の誰かが話したことは信じなくても、それが著名な経営者の成功体験や学者の金言と同じと知れば、多くの場合、信用に足る情報と受け止める。だから酒巻は、大事なことを伝えたいときにはよく著名な人物の経験や言葉を借りる。このときもそうだった。

酒巻は少し語調を強くして言った。

「キヤノン電子の業績はよくありません。立て直さないといけない。まずはコストを削減し、営業収支の改善をはかることから始めます。そのためにもう一つドラッカーの言葉を引きます。彼は、組織として達成すべき目的は、具体的な目標に置き換え、それに向かって社員のベクトルを一つに束ねるのがセオリーだ、と語っています。私はその原則に従い、キヤノン電子が達成すべき夢（＝目的）と、それを実現するための具体的な目標および手段を次のように定めました。

【会社として達成すべき夢（＝目的）】
世界でトップレベルの高収益企業になろう

【それを実現するための具体的な目標】
10年間で売上高経常利益率を15％にしよう

【その目標を達成するための手段】
すべてを半分にしよう（TSS½　TSS＝Time&Space Saving）

世界でトップレベルの高収益企業とは、一般に売上高経常利益率が15％以上の会社を言います。それを10年で達成できるようにめざします。TSS½はそのための手段で、時間、生産スペース、不良、人・物の移動距離、CO_2排出量などをすべて半分にします」

それらの方針は、実質赤字のキヤノン電子の社長を引き受けると決めたときから温めてきた腹案であり、新たな「一番」でもあった。赤字部署を立て直してきたこれまでの経験からいって、「ムダ」を排除すれば、それがすぐ「利益」に転換することがわかっていたのだ。

しかし、業績不振に慣れっこになっていた役員や幹部社員には到底理解できない夢や目標であり数字だった。

あちこちで思わず顔を見合わせ、戸惑いの表情を見せる者が相次いだ。なかには口を歪《ゆが》めて小さく冷笑する者さえいた。

経常利益率15％？　すべてを半分に？　できるわけないだろう――。

顔にはそう書いてあった。

酒巻経営改革②　具体的な目標
具体的な目標を掲げることで、社員のベクトルを一つにすることが、改革の第一歩。

新鮮な驚きを覚えた中堅若手の社員

酒巻にとって彼らの拒絶反応は想定内だった。何かを変えるには、まずは石を投じて、変わりばえのしない日常に波紋を起こす必要がある。その結果生じる副反応は、経営改革につきものの最初の鳴動であり、不可避のことと承知していた。

もとより酒巻には、キヤノン電子を高収益企業に変える自信があった。キヤノン時代に自らTSS½を掲げ、すべてを半分にした経験があったからだ。キヤノンは優良企業であり、売上の20～30％もムダがある赤字会社とは違う。それでもムダは隠れている。知恵を絞れば、コストは削減できるし、利益は掘り起こせる。優良企業のキヤノンでさえそうなのだから、実質赤字のキヤノン電子であれば、削減すべきムダは山ほどある。それこそ濡《ぬ》れタオルを絞るようにムダはなくせるし、利益を掘り起こせる。そう確信していたのだ。

だから全社員を前に社長就任の挨拶を行ったときも、社員はムダをなくすことで会社の利益の掘り起こしに貢献できるし、会社の業績がよくなれば、社員の給料もよくなることを平易な語り口で説いて、自ら会社の立て直しに参加するよう意識改革を促した。


「コストアップの原因のほとんどはムダです。たとえば、ある物を作るのに100gの材料で30gの製品しかできないとするなら70g、つまり材料の70％はムダになってしまいます。これを100gの材料で99gの製品が作れるようにすれば、安い労働コストのアジア地域とも十分コスト的に対抗できます。

それには時間も材料も空間もすべてを半分にすることをめざしてください。例えば、キヤノン電子の社員を2000人とした場合、一人10万円ずつムダを削減できれば、それだけで

2億円の純利益が出ます。

ムダを削減して得た利益は、会社の将来のために、新しい事業や商品開発へ投資をしていきます。そうすることで世界トップレベルの高収益企業をめざします。目標は10年後に経常利益率15％。

その利益は次なる投資だけでなく、当然、社員のみなさんにも還元されます。ムダをなくせば、給料も上がります。ボーナスも増えます。会社と社員がともに利益を享受できるように徹底的にムダをなくしていきましょう」

こちらの反応も予想通りだった。社員は呆気《あっけ》に取られたように酒巻の話を聞いていた。役員や幹部社員がそうであったように、ほとんどの社員が「ムダをなくせば給料が上がる？でもそれにはすべてを半分にしないといけないいんだろう？　そんなのできっこない」と受け止めた。いまのやり方が当たり前と思っているのだから無理もなかった。

それでもなかにはムダをなくせば会社がよくなり、給料も上がるという酒巻の言葉を素直に受け止め、新鮮な驚きを覚える者もいた。会社の現状に不満を感じていた中堅若手の社員たちで、やがて彼らは改革の担い手となり、会社の成長を支えることになる。

当時、秩父工場の生産現場で課長をしていた棚橋寿雄もその一人だった。棚橋は中学を卒業後にキヤノン電子に入り、持ち前の真面目な性格で、化学や物理の勉強を重ね、ものづくりのセンスの良さから課長にまでなった男だ。当時、40代後半だった棚橋は、会社、とくに製造業で利益を出すということは、とても難しいことだと考えていた。

ものすごいヒット商品の部品でも作らない限り、簡単に利益は出ないのではないかと思っていたが、酒巻の話は非常にわかりやすくて、胸にすとんと落ちた。会社には20％もムダがたまっていて、それをなくしていけば、そのまま利益になるのか、と明快な答えを教えられた気持ちだった。

そこから棚橋は生産現場の創意工夫で、ＴＳＳ½を達成していく酒巻改革の現場における象徴のような活躍を見せていく。

すこぶる評判の悪い会社

酒巻はキヤノン時代の経験から業績不振の会社や組織には、
①トップやリーダー層がたるんでいる
②受動的・指示待ちの人が多い

③売上の20～30％にムダがある

という三つの共通点があることに気づいていた。会社や組織をダメにする三大悪で、これらを改革改善することができれば、自ずとキヤノン電子の再建もかなうと考えた。
①は人事の問題であり、②③とも密接にからむ。やる気に欠ける、たるんだトップやリーダー層の存在は、会社をダメにする一番の元凶と言ってよい。すぐにも退場を願いたいところだが、ことはそう簡単ではない。彼らは社内政治の実力者であり、親会社から来た新任社長がいきなり人事権を行使するのは、いたずらに社内を刺激するばかりで賢明とは言えない。着任するとすぐに、あれこれ社内の事情や人物評などが酒巻の耳にも聞こえてきたが、その手の風聞は敵味方あるいは保身や裏切りなど社内の政治力学の反映である場合が多く、しばしば裏がある。鵜《う》呑《の》みにすると足をすくわれかねない。
人事というのは、下手に手をつけると、人材の適材適所の登用や赤字の原因究明を難しくしかねない。先入観を排した冷静かつ客観的な人物の見極めが必須で、拙速な判断は致命的な悪手になりやすい。

そこで酒巻は、前述のような明確な経営方針を示したうえで、②③の働き方の改革改善、すなわち社員が自ら進んでムダの削減に取り組めるような意識改革を進める一方で（この点については2、3章で詳述する）、人事については1年は手をつけず、その間、じっくりと人物観察を行い、その結果で判断することにした。

会社内の異動であれば、半年も観察すれば、誰が優秀で誰に問題があるのか、ある程度見えてくるが、独立した会社によそから赴任した場合は、なかなか社内事情もわからず、人物が見えてこない。そこで酒巻は、秩父の街へ出て情報を集めることにした。

そば屋、定食屋、居酒屋、喫茶店、甘味処《あまみどころ》、ファミリーレストラン、写真店、クリーニング店……。酒巻はそれらの店に足を運ぶたびに店主や馴染《なじ》み客と積極的に言葉を交わし、親しくするようにした。客商売の人は、人を見る目があるし、さまざまな情報が入ってくる。

特に大事にしたのはご婦人方で、心安くなった人たちを集めてよく食事会などを開いた。

彼女たちの情報ネットワークは驚くべきもので、しばしばキヤノン電子の社員や管理職、リーダー層が会社では見せない素顔について知ることができた。その多くは悪い話だった。

「社員の〇〇さんはスナック××で金を払わず、ツケがたまっている」

「課長の△△さんはどこに行っても何をしてもいつも偉そうに威張っている」

「キヤノン電子のお偉いさんは横柄で態度がでかい。他の大手さんとは大違い」

酒巻が赴任した当時のキヤノン電子の評判は、すこぶる悪かった。なかでも衝撃を受けたのは、トップやリーダー層のデタラメぶりだった。赴任して間もなく酒巻は、市内のあるスポーツセンターに見学がてら話を聞きに行った。週に1、2回、午後の6時か7時頃からの利用を考えていると伝えると、驚いた顔でこう言われた。

「キヤノン電子の社長さんですか。前の社長さんは利用されませんでしたけど、その前は、みなさん午後の2時か3時にはお見えになっていました。同じ頃にお見えになる方もいらっしゃいました」

一瞬、返す言葉を失《な》くした。まさか役員が、仕事を放っぽり出して昼間からスポーツセンターに通っているとは思いもしなかった。これはほかにも余罪があるに違いないと考え、ご婦人方の情報網にかけたところ、その面々はしばしば碁会所やマッサージにも昼過ぎから顔を出していたことがわかった。キヤノン電子の社長や役員と言えば、秩父ではちょっとした名士だ。当然、色々な誘いもある。

それは紛れもなく会社の私物化であり、そんな人間がトップやリーダー層にいたら、下の人間がまともに働くはずがない。工場には勤務時間中に職場を抜け出して副業で生命保険の営業をしている女性従業員までいた。それを上司も黙認し、夕方に彼女たちが戻ると、「お帰り」と笑顔で迎えていた。

こんな会社はとっくに潰れていてもおかしくない。なのに社内に危機感は皆無だった。親会社がキヤノンだから潰れはしない。何とかしてくれる。上から下までそんな甘えた考えで長年会社が運営され、それで何とかなってきたからだ。

積もり積もった悪弊は、人びとを愚鈍にし、会社を無惨に腐らせていた。

女性を敵に回してはいけない

製造業は工場を抱える。環境問題などもあり地元の理解は必須で、絶対に敵に回してはいけない。もう一つ敵に回すとやっかいなのは工場に多い女性従業員だ。

酒巻はキヤノン時代に従業員6000人（半数以上は女性）を数える茨城県の取手《とりで》工場にいたことがある。そのとき、女性は依怙贔屓《えこひいき》にとても敏感で、少しでもそのにおいをかぎ取ると、集団で上司に反発したり、「なんであの人だけ」と睨《にら》まれた女性がいじめにあうなど、現場の意思疎通に深刻な問題を生じ、思わぬ生産トラブルの原因になったことがあった。男の嫉妬は醜いが、女性の嫉妬も恐ろしい。生産ラインを止めかねない。

だから女性は常に公平に扱い味方にしないといけない。それさえ誤らなければ、彼女たちは持ち前の情報網を駆使して不良につながりかねない工場内の小さな異変なども、どんどん上に報告してくれるから、仕事は断然やりやすくなる。

ところが、その当たり前のことがキヤノン電子ではできていなかった。酒巻が社長になってしばらくした頃、群馬県の赤城《あかぎ》工場でこんなことがあった。

ある女性は大変に優秀で、新製品が赤城工場に割り当てになるたびにその生産ラインの立ち上げスタッフとして異動になった。上司の課長は優秀だからこそ彼女を異動させたのだが、それを本人にも周囲にも伝えなかった。このため彼女は仕事ができないから頻繁に異動になると噂《うわさ》され、いじめにあい、会社を辞めたいと漏らすようになった。

酒巻は課長を呼んで言った。

「なぜあなたは、彼女はこれまでの実績から新製品の立ち上げ責任者をサポートする立場で異動してもらうことになりましたと、みんなの前で説明しなかったんですか。それさえやっていれば、彼女がいじめにあうことも、会社を辞めようか悩むこともなかったはずです。いまからすぐに説明してください。彼女に辞められるのは大きな損失です」

同じようなことは埼玉県の美里《みさと》工場でもあった。秩父工場で一番優秀な女性を美里工場の支援に送り込んだのだが、それを美里の課長が現場によく説明しなかった。それが原因で彼女は、「変な女が秩父から来た」といじめの対象になってしまった。

このときは酒巻が自ら美里工場に出向いて、

「彼女は美里の支援のために来てもらいました。みなさんも一緒に頑張ってください」

と従業員の前で説明したことで、空気は一変、「彼女に負けてられない」と俄然《がぜん》みんなが奮起し、美里の生産性が一気に上がった。彼女の技量が美里のレベルを引き上げたのだ。

女性従業員を味方につけていかに気持ち良く働いてもらうかは、製造業においては生産性をも左右する実に大きなテーマであり、それができない上司、管理職は、到底その任にふさわしい人材とは言えない。

酒巻は現場を歩いて、伝聞ではなく、自ら見聞きした人物評価にかかわるこうした大小さまざまな事例を、1年かけて一つひとつ丹念に掘り起こし、記録していった。

期待の大きい生産子会社がダメになった理由

キヤノン電子の前身は、東京の滝野川《たきのがわ》にあった時計メーカー「鶴巻時計店英工舎」の秩父工場で、戦時中は海軍向けの時計信管、戦後は腕時計を製造し、多数の小型自動旋盤など優れた製造設備と熟練の技術者を抱えていた。従業員の一人がキヤノンの目黒工場長と面識があったことからカメラ部品の製造を受注し、キヤノンとの取引が始まる。これを機にキヤノンの初代社長の御手洗毅《たけし》は、「秩父はよい工場でキヤノンの必要とする大事な部品を作ってくれる」と高く評価し、1954年5月、秩父英工舎を設立、生産子会社とした。

英工舎秩父工場をキヤノンの傘下に収めるに際しては、御手洗の命で三井再男《またお》（妻は御手洗の姉）が当たった。江田島《えたじま》の海軍兵学校をトップで卒業（49期）した秀才で、専門は爆薬。のちにキヤノンの技術部門のトップになった人物だ。敗戦時は呉《くれ》海軍工廠《こうしょう》火工部長で、広島に原爆が投下された翌日、呉鎮守府《ちんじゅふ》調査隊を率いて現地入りし、詳細な証言記録を残したことでも知られる。

戦時中、三井は艦船や兵器開発を進める海軍・艦政本部の海軍大佐で、英工舎秩父工場が海軍に納入した時計信管の担当者だった。このため秩父工場の幹部とは旧知の仲で、秩父英工舎の設立前から従業員の定着や設備の整備拡張などに尽力したほか、設立後は社外重役として19年の長きにわたり社業の発展に尽くした。秩父英工舎がキヤノン電子へと社名を改めるのは設立10年後の１９６４年1月のことだ。

御手洗毅の肝煎りで生産子会社になったキヤノン電子は、当初からその技術力を高く評価されており、キヤノン本社ではカメラの主力工場にしようと考えていた。

このため東大の物理や機械などを出た優秀な技術者が次々に本社から送り込まれた。いまでは子会社に行くことなどあり得ないような超一流の人たちで、それこそキヤノンの社長になってもおかしくないような図抜けた人材もいた。彼らが先生になってキヤノン電子の社員に機械図面の書き方から工場の生産管理の仕方までそれこそ手取り足取り教え込んだ。

60年代の後半と言えば、進学率もまだ低い時代で、当時のキヤノン電子は、中学、高校しか出ていない社員がほとんどだった。キヤノン本社から来た技術者は彼らにとってまさに先生で、このとき化学や物理の基礎を身につけた者が少なくない。前述の棚橋もその一人で、のちに独自の発想力と卓越した技術力でムダの削減に大きく貢献することになる。

しかし三井がキヤノン電子の社外重役を離れると、キヤノン本社のキヤノン電子を見る眼差《まなざ》しもそれまでとは違うものに変わっていった。それが端的に現れたのは本社から送り込む人材のレベルが明らかに低下したことであった。それまでのように一流を出さなくなり、工場長も務まらないような人間を送り込むようになった。

80年代後半以降は、本社で一線に残れない人物の出向先と見られるようになり、著しく意欲を欠いたまま着任するケースが増えた。昼間からスポーツセンターや碁会所などに通うような人物が会社を率いるようになった背景である。その間に、かつてあれほどキヤノン本社に評価された生産能力は見る影もなく劣化し、不良率が一気に上がった。設計の能力が落ち、幼稚園レベルのお粗末な設計をするため工場の生産性が上がらず、不良が増えてしまったのだ。そんな技術レベルなのに自社で商品開発を行い、磁気センサー用のヘッドやプリンターなどを売り出すが、軒並み不良を出してすべて失敗に終わった。

それでも社内には危機感など微塵《みじん》もなかった。いざとなればキヤノン本社が助けてくれると思っていたのだ。そんなキヤノン電子に対して、当時、キヤノン本社の生産本部長だった酒巻は、出入り禁止という厳しい処分を下したこともある。ある部品の納入で、やると言ったことをやらず、言い訳ばかりして、いつまでもキヤノン本社に甘えている姿勢が許せなかったからだ。前任の田中は、そんなキヤノン電子を立て直すためにキヤノン本社が送り込んだ優秀な経営者だったが、タガの外れた組織を再建できなかった。

結局、子会社というのは、親会社が二流、三流を送り込むとあっという間にダメになるのだ。一流を送り込めば、本社から一流がついて行くが、二流、三流を送り込んだのでは、一流はついて行かない。そうなるとものづくりの現場というのは、たちまち崩壊する。

真っ先に行った意識改革は「正しい指示と報告」

人物観察を始めてすぐに露《あら》わになったことがある。酒巻の指示が、末端の社員まで正しく伝わっていなかったのだ。社長の指示が全社員に正しく伝わらないようでは、会社の立て直しなどできるはずがない。そこで酒巻が会社の再建のために真っ先に手をつけたのは、すべての社員やリーダー層が正しい指示と報告ができるようにする意識改革だった。

正しい指示や報告が伝わっているかどうかは簡単にわかる。指示を出してしばらくした後、工場の現場の社員に「〇〇の指示は聞いているか」とたずねて「知らない」と答えた場合、指示系統を上へ上へとたどっていけばいい。誰がボトルネックになって指示が滞ったかすぐにわかる。これは人物観察にもなるため、しばしば酒巻は、自分の指示が正しく伝わっているか、工場の現場などに足を運び、自ら社員に確認した。

酒巻は、正しい指示と報告について次のように明確に規定した。

上司から仕事をやりなさいと「権限」を与えられた部下には、必ず仕事の進捗状況や結果などを報告する「義務」が生じる。この報告は、正しく、タイムリーになされることで責任が解除され、次のステップや他の業務に移ることが可能になる。またそうすることでムダのないスピーディな業務の遂行が実現する、と。

そして正しい指示の出し方と受け方を、具体的に次のように教えた。

指示を出すとき

①いつまでに何をしてほしいのか明確に伝える
②必要により目的、背景、期待値などを説明する
③報告の方法を指示する

指示を受けるとき

①いつまでに何をして、どのように報告すべきかを把握する（要点をメモする習慣をつける）
②指示内容の理解が不十分な場合は必ず質問する（指示内容の復唱と不明な点がある場合の質問を習慣づける）
③スピード重視を常に意識する

酒巻は正しい指示と報告の意識改革を始めるに際して、まずは社員全員に1件100円で標語を募集した。企画部門で標語を作って配布したのではお仕着せになってしまい、指示と報告の大切さを自分の問題としてなかなか考えない。1件100円で公募したのはそのためだ。

一人で複数応募が可能で、最終的には約4000件の応募があった（総額40万円）。投票で順位をつけ、1位から5位までの標語の作者にはキヤノン製のカメラを贈呈した。上位の2つは以下の2作品だった。

正しい指示と報告は会社の未来《あす》を左右する
今こそ変革《かえ》よう！　みんなの意識

「伝わりましたか？　貴方の指示」
「解ってもらえましたか？　貴方の報告」

当時、50代半ばで、生産企画部長だった夏木亮三は、酒巻が始めた正しい指示と報告運動を歓迎した一人だ。酒巻が社長になる4、5年前まで生産技術部長を務めていたが、人事をめぐって当時の社長に怒鳴り込んで抗議してしまったため、部下が二、三人しかいない生産企画部長というポストに左遷されていた。

長らくキヤノン電子の生産の現場を率いてきた一人で、「変化を嫌う企業風土から脱却し、新しいことに果敢にチャレンジしよう」と旗を振っても響かない会社に絶望して、いつ辞めようかとばかり考えていたところに酒巻が登場し、この会社は変わるかもしれない、と大きな期待を寄せていた。

まず大事なのは「正しい指示と報告」という酒巻の教えも、仕事の基本中の基本を改めて教えられた思いだったが、いざ自分が酒巻から指示を受ける立場に立つと、最初のうちは緊張もあって指示された内容がわからなくなり、しばしば冷や汗をかいた。後述するように、夏木は酒巻が「鬼の酒巻」とキヤノンで恐れられていたのをよく知っていた。このため酒巻が着任した当時は前に立つのも恐ろしかった。


あるとき酒巻から、ある製品の製造に関する技術的な問題点の指摘とその対策に関する指示が出た。ところが話の間に別の問題の指摘などもあったことから少々話が長く、またわかり難《にく》くなった。どこかで指示のおさらいがあるだろうと思っていたのだが、唐突に、

「ではそういうことで今週の金曜日までに方向性をまとめて報告してください」

と酒巻は話をまとめてしまった。焦った。いま聞いた話を高速で思い返し、指示された内容はあれだな、うん、大丈夫だと自分に言い聞かせ、

「はい、承知致しました」

とつい言ってしまった。期限までに夏木は対策を報告書にまとめて提出したが、一読するなり酒巻は、「ポイントがズレている」と言ってそれを夏木に突き返した。酒巻が求めたのは、設備の入れ替えも含めた抜本的な対策だったが、夏木は現状の枠内で対策を考えた。それでは問題の本質的な解決にはならないと酒巻は判断していたのだが、それを夏木は正しく受け止めることができていなかったのだ。以来、夏木は、少しでも酒巻の指示でわからない

ことがあれば、必ずその場で確認するようになった。

そして部下に対しても、このように伝え、指示の徹底をはかることにした。

「私の指示したことでわからないことがあれば、必ずその場で確認してください。そうでないとあとであなたも困るし、会社も困る」

酒巻経営改革③ 正しい指示と報告

「正しい指示と報告」が経営改革の基本中の基本。それができているかどうか、指示を出した後、末端の社員に確認する。指示が届いていない場合、上へさかのぼっていけば、誰がボトルネックになっているかがわかる。

人間尊重の経営

酒巻はキヤノン電子の再建に社員によるアイデアの応募やアンケートなどをしばしば利用した。ダメな会社には受動的・指示待ちの人が多い。会社に埋もれた利益を掘り起こすには、社員一人ひとりが自ら率先して考え、ムダを見つけ出す必要がある。

それには「自分の頭で考える習慣づけ」が欠かせない。応募やアンケートはそのための仕掛けであり、アイデア募集などに1件100円の報酬をつけたのは、単なるインセンティブではなく、社員一人ひとりの独自の発想にはそれ自体に価値があることを知ってもらいたかったからだ。

酒巻は社長就任の挨拶で、「世界でトップレベルの高収益企業になろう」と夢（目的）を掲げ、具体的な目標として「10年間で売上高経常利益率を15％にしよう」と提示するとともに、その達成手段として「すべてを半分にしよう（TSS½）」と呼びかけた。しかし利益率1％台で実質赤字の会社に勤める社員にしてみれば、それはいかにも実現可能性の低い、ある意味、荒唐無稽な夢物語に思えた。

「すべてを半分にしよう」という酒巻の方針は、社員からしてみたら、「できっこない」と思えるものであっただけに、なおのこと直感的に、「仕事がひどくきつくなるのではないか」「ひょっとしてリストラを考えているのではないか」という不安や恐れを多くの社員に抱かせた。

そこで酒巻は、「キヤノン電子がどんな会社になってほしいか」、1件100円で全社員を対象にアンケートを行った。これも複数回答を可としたところ、約4200件の応募があった（総額42万円）。

圧倒的に多かったのは「社員を大切にする会社であってほしい」「定年まで働ける会社であってほしい」というものだった。これを受けて酒巻は、社員にこう宣言した。

「すべての社員を大切にし、65歳まで働ける会社にすることを約束します」

それは酒巻の経営哲学の根幹をなす「社員を大事にする人間尊重の経営」であり、このときあわせて「私が社長でいる限り、借金をしてでもボーナスは年間6カ月支払う」ことも社員に約束している。

酒巻は、就任1、2年目に、

①食堂のリニューアル
②食事内容の劇的改善
③食器の変更（プラスチック→陶器）
④食事費用の補助
⑤トイレの改善（ウォシュレットの導入）
⑥事務所設備の改善
⑦賞与、給与の改善

など人間尊重の経営を実現するためのさまざまな施策を相次いで実施している。

「社員のために○○をします」と言っても、「ただし、利益が出てから」ということでは、その約束は実行されない。本当に社員にとっていいことは、すぐにでも実践する。それが酒巻の信条であり、このときもすぐに実行した。そうして、目に見える形で会社が変わっていけば、社員も「今度の社長は本気だ。会社も変わるかもしれない」と信じてくれるようになるし、それぞれの持ち場で創意工夫をしようという気持ちになってくれる。

また、そこには自然との共生をはかる「環境経営」の考え方も色濃く反映されている。ムダをなくし、利益を掘り起こす作業は、そのまま経営資源の節約に通じる。コスト削減は環境への負荷の低減と不可分の関係にある。環境ホルモンが心配されるプラスチックから陶器への食器の変更は、社員の健康を守るという意味で会社として当然取り組むべきものだと酒巻は考えていたし、食というもっとも身近な行為から環境経営を考えてほしい、という願いも込められていた。

酒巻の生まれ育った栃木県の渡良瀬川《わたらせがわ》の上流は、かつて足尾《あしお》銅山の鉱毒被害に苦しんだ。日本初の公害事件とされ、その解決に尽力した地元出身の偉大な政治家・田中正造《しょうぞう》は「山を荒らしてはいけない。田地田畑を大切にしなさい」と言い続けた。その教えを酒巻は母から聞いて育った。キヤノン電子が実践する環境経営の基礎には田中正造翁《おう》の教えがある。

会社の再建を本気で決意させたある夜の出来事

「潰してもいいよ」

酒巻は秩父へ赴任するとき、実は御手洗冨士夫社長から、そう言われてもいた。そこには「これまでのようにキヤノン本社は秩父を支援しないよ」という含みがあった。

酒巻がムダをなくして営業収支を改善し、世界トップレベルの高収益企業をめざしたのは、そうすることで自己資本比率を高め、親会社のキヤノンに頼らない自前の新規事業を育てる必要性を強く感じていたからだ。もちろん恩義のある前任の田中の頼みでもあり、いくら御手洗にそう言われたからといって、キヤノン電子を潰すつもりなど毛頭なかったが、この人事を受け入れる身としては、正直、御手洗の言葉は幾分か気持ちを楽にした。

キヤノンを役員で辞めると、北関東のあたりにゴルフ場の会員権を買って、その近くに家を建て、ゴルフ三昧の悠々自適の老後を過ごす人が少なくない。キヤノン電子の社長になった酒巻もゴルフの腕前はシングルで、最初のうちは秩父にはゴルフ場がいくつかあることだし、もちろん会社の再建には尽くすけれど、週末は好きなゴルフを存分に楽しむつもりでいた。それで3年やってうまくいかなければ、潔く身を退いて、あとはゴルフ三昧の生活をと考えていたのだ。

しかしそんな気持ちは、工場で働く人たちを見ているうちに次第になくなっていった。当時のキヤノン電子は実質赤字で賞与もわずかばかりしか出せない状況だった。それでも工場に行けば、従業員が懸命に働いていた。なかには就業時間中に生保の営業をやるような不届き者もいたが、無論、それは例外的な存在で、ほとんどの人は真面目に仕事に取り組んでいた。

酒巻は取手工場を率いるなど生産の現場はもちろん熟知していたが、秩父のように業績の悪い会社の工場は、たまに足を運ぶことはあっても――しかもそれは見られることが前提のあらかじめ準備された視察や見学に過ぎない――毎日接するのは初めてだった。

ある日、秩父工場に送られてきた設計図面に問題があることがわかり、工場の現場は徹夜で対応を迫られた。トラブルの報告を受けた酒巻は、製品の作り直しが終わるまで現場に留《とど》まった。社員は、「明日の朝、子どもを送っていかなきゃいけないんだけど、間に合うかしら」などと言いながら懸命に働いていた。頭が下がった。

その姿を見て酒巻は、この人たちを路頭に迷わすわけにはいかない、と強く思った。と同時に、我々は開発のエリート面《づら》をして散々偉そうにしてきたけれど、会社をほんとうに支えているのは、設計の不備に対して文句一つ言わず、たとえ徹夜になろうと黙々とカバーする彼らのような存在ではないかと、初めて思い至り、それまでの不明を恥じた。

メーカーが不況になり、工場のリストラに乗り出したとき、一番に影響を受けるのが彼らだ。この人たちの雇用を奪うようなことは、断じてあってはならない。


酒巻は社長になって1年が過ぎた頃、全社員にこう伝えた。

「間接部門でだらけている人は助けませんが、私が社長でいる限り、工場の雇用を守るために、自分たちで設計し、作って売っているキヤノン電子独自の仕事は、海外には持って行きません。ですから、みなさんもそのつもりで頑張って働いてください」

酒巻はその約束を守った。キヤノン電子は定年後の再雇用は65歳までとし、いまはそれを70歳まで延ばそうとしている。

設計者のミスを工場の現場の社員が徹夜でカバーした、あの夜の出来事は、彼らの雇用を守るためにも、本気でキヤノン電子の再建に取り組まなければならないと、酒巻に決意させる大きなきっかけになった。

不要な関連会社を整理——改革断行第一弾

話が前後するが、酒巻がキヤノン電子の社長に就任して最初に振るった大ナタは、四つあったキヤノン電子の関連会社の整理とそれらに出していた仕事の内製化だった。就任3カ月後のことで、それは改革への強い意志を内外に示す最初の狼煙《のろし》となった。

すべてを半分にするためのTSS½運動が始まってわずか3カ月であったが、予想通り濡れタオルを絞るように、あらゆる面でムダの削減が進み、社内のスペースにおいても空きがどんどん増えていた。そこで酒巻は、工程間の距離を可能な限り短くし、移動時間の短縮をはかるため、関係会社の整理とそれらに不必要に出していた生産工程の内製化をはかることにした。

酒巻は企画部門の責任者をしていた内田敬を呼び出した。

「関連会社の4社の事業を清算しようと思う。清算の順番や方法、問題点について1週間以内にレポートをまとめてくれ」

1週間というスピードには驚いたが、実は内田もつねづね、関連会社4社にキヤノン電子の仕事を出す必要はなく、関連会社との関係を整理すれば、もっと利益が出るのにと思っていたので、あらかじめ腹案があり、そこから先は酒巻のスピード感に驚きながら、整理事業に邁進《まいしん》するだけだった。

整理をしたのは4社で、うち3社がコンポーネントの組立、1社がプリント基板アッセイ(品質検査)。従業員は1社あたり60～70名。4社で約300名を数えた。

設立はいずれも1970年代で、会社の生い立ちや形態に応じて、土地建物の一括売却、土地の原状復帰と返却、建物の売却、土地の借地権と建物の売却、土地建物の返却など個別の対応を行った。共同出資については、長年の協力に報いるため資本金を買い上げた。従業員については、いずれの会社も債務超過ではなかったことから所定の退職金と1カ月分の給与を支払った。働く意欲があり、技能の高い人についてはキヤノン電子で所定の試験を行い、採用した。このとき採用した人は、いずれも定年まで勤めあげた。

整理に当たっては、当然、反対があった。特にキヤノンの初代社長御手洗毅が懇意にしていた1社は、御手洗の部下だった人物がキヤノン電子の役員になっていたことから、当初この人物が「私がここにいる間は潰させない」と強硬に反対した。秩父市の商工会議所の関係者から設立時の約束を理由に強く反対されたりもした。

しかし共同出資者に反対はなく、また従業員からの不満も聞こえてこなかったことから、いたずらに時間をとるのは情が移るだけと酒巻は判断、4社の整理を一気に断行した。

関連会社の整理は、消費電力や水使用量の削減になるし、物流費や人件費の削減にもつながる。それはそのまま利益になり、CO_2の削減にも直結する。その効果は絶大で、物流費に至っては各地に点在していた工場間の輸送がなくなったことで、ゼロになった。

4社の整理を陣頭指揮した内田敬は、マスコミ対応なども担った。4社の整理が決まると、早速大手の全国紙が取材に来た。内田は従業員の再雇用のことなども含めて丁寧に説明したが、それらには一切触れず、紙面ではあまり良いように書かれなかった。その扱いに憤りを覚えた内田は、

「社長、○○新聞がこんなことを書いてますよ」

と掲載紙を手に酒巻のところへ飛んで行った。ところが酒巻は、

「新聞というのはそんなもんだよ」

と顔色一つ変えなかった。内田は、酒巻がキヤノンの生産本部長時代に調達の効率化をはかるために取引業者を大幅に絞り込み、批判を浴びたことがあったのを思い出し、やはり修羅場をくぐってきた人は違うな、と舌を巻いた。

4社の整理から4、5年経った頃、内田はそのうちの1社の社長だった人物と秩父の街なかでばったり出くわした。負い目もあり、気まずい再会だったが、意外にも相手はにこやか

な表情で「あのとき清算しておいてよかった。継続していたら、いま頃大変なことになっていた」と感謝された。それを聞いて内田は、あの整理は間違いではなかったんだなと思い、肩の荷が下りた気がした。

2章

利益が出る組織に作り変える

――2年目からは一気に改革を進める①

同じバスに乗れる人間を見極める

会社の再建で一番大事なことは何か。

トップが適切な目標を掲げること。そしてその目標に向かって社員のベクトルを一つに束ねることである。一言でいえば、いかに「やる気のある集団をつくりあげるか」、だ。

酒巻はキヤノン電子の社長になるとすぐに、10年以内に世界でトップレベルの高収益企業(=売上高経常利益率が15%以上)になるという目標を掲げた。利益率の高い高収益企業に再生できれば、親会社のキヤノンに頼らない自社製品の開発資金も確保できるし、社員の給料も増える。だから、その実現のために「すべてを半分にしよう(TSS½)」と社員に呼びかけた。

それは再建の志を一つにするための大きな夢であり、旗印であったが、長年、親会社のキヤノンにおんぶにだっこでやってきた社員の多くは、「そんなのできっこない」と酒巻の掲げた夢に懐疑的だった。

酒巻は、それが絵空事の夢物語ではないことを、ときには自ら手本を示すことで証明し、文字通りキヤノン電子を劇的に高収益企業へと再生するのだが、そのスタートに当たってもっとも慎重かつ大胆に取り組んだのは、同じバスに乗れる人間かどうかの見極めとその処遇だった。

若手の芽を摘む「ムシロ現象」

酒巻がキヤノン電子の社長に就任してすぐに感じたのは「社員に士気が感じられない」ということだった。会社には大きく分けて受動的な社員と能動的な社員の二つのタイプがいる。

受動的な社員は言われたことしかやらないし、それすらやらないことがある。仕事をするうえで大事な職場のルールもしばしば破る。製造業でこれをやられてしまうと、労災事故につながったり、不良の原因となって会社が莫大《ばくだい》な損失を被る恐れがある。

能動的な社員はその逆で、自ら進んで考え、責任を持って動く。もちろんルールも守る。ムダをなくし、利益の出る会社に変えるには、自分で考え、責任を持って動ける能動的な社員の集団に変えていく必要がある。酒巻の考える、それこそが会社再建の要諦であり、カギを握るのは課長級以上の管理職と役員の見極めだった。

魚は頭から腐る。組織も同じで上がダメなら下もダメになる。やる気や能力に欠けるリーダー層は、組織の再建や改革の足を引っ張るだけでなく、有能な若手の芽も摘んでしまう。

昼間から会社の幹部が碁会所やスポーツクラブに通っていたら、部下がまともに働くはずがない。「上も遊んでいるんだから適当にやればいい」と思うに決まっている。

地面にムシロ（藁《わら》などで編んだ敷物）をかぶせると草は芽を出せなくなる。防草の一つの方法だが、酒巻はダメな幹部のせいで若手が成長できなくなることを「ムシロ現象」と名付け、嫌っていた。

特に問題視するのは、当事者意識と責任感に欠ける「丸投げ体質」の人物だ。キヤノン電子の社長になって間もないある日、酒巻は自分の指示した仕事がどうなっているのか、担当部長に進捗状況をたずねた。すると驚くべき答えが返ってきた。

「あれは課長にやらせているので、彼に聞いてください」

一瞬、自分の耳を疑ったが、確かに、課長に聞いてくれ、と言ったのだ。「自分の仕事だ」という当事者意識も責任感もない証拠で、その部長は、酒巻が人物観察を始めて最初期に「問題あり」とノートに記された管理職の一人となった。

この手の人物は、すべてを部下に丸投げしておいて、いざ部下がミスでもすれば、「俺は何も聞いていていない。お前の責任だからな」などと言って平気で責任逃れをする。仕事はやらない、責任は取らない。管理職になってはいけない、部下を潰す典型的なムシロ上司である。

丸投げ体質の人間には、しばしば同じミスを繰り返すという特質がある。これも当事者意識と責任感に欠けるからだ。自分の仕事に責任を持って積極的に取り組んでいれば、「二度と同じミスはしないように気をつけよう」と注意するし、努力もする。だから同じミスはしなくなる。ところが当事者意識と責任感に欠ける人物は、同じミスを何度も繰り返す。こんな人物が管理職や役員にいるとしたら、部下の芽を摘むだけでなく、会社に多額の損失を与えるような大変なリスクを抱え込むことになる。

有能な若手は会社の未来である。その芽を摘む管理職や役員は、腐ったリンゴと同じだ。同じ箱に入れておいたら、ほかのリンゴも腐ってしまう。だから腐ったリンゴは取り除かないといけない。

酒巻はそう考え、就任2年目に入ると、それまでの人物観察をもとに同じバスには乗れないと判断した人物をリストアップし、一気に人事に手をつけた。

人事は上から手をつける

会社を再建するための人事は、上から手をつけるのが鉄則である。組織をダメにしているのは意欲や能力に欠ける役員や幹部社員であり、それは社員もわかっている。だから上に手が入れば、社員は会社が変わり始めたことを実感し、組織がしゃきっと締まる。

酒巻が真っ先に手をつけたのはキヤノンから出向で来ていた役員たちで、ほとんどの役員をキヤノン本社に引き取ってもらった。もともと左遷にあったとの不満から著しく意欲に欠ける者が多く、会社の再建をともにするのは難しいと判断した。

キヤノン電子生え抜きの役員や部長、課長でその資質に問題がありと判断した人間は、きちんと理由を説明したうえで、降格人事を行った。部長であれば、部長を外れて部長付きにしたり、課長にしたりした。課長は課長代理やヒラへの降格である。

取締役を外された役員のほとんどは、退職していった。


酒巻はキヤノン電子の社長に就任してからの1年間で、約100人いる管理職のすべてを一人ひとり観察し続けた。降格人事はその結果であった。

ではどういう人物が降格になったのか。典型的な事例がある。

酒巻はキヤノン電子の社長になるとすぐに、社員のパソコンの操作履歴を調べた。パソコンを業務外のことに使用して遊んでいる者がいないかチェックするためである。酒巻はアップルのジョブズが絶賛したパソコン「ＮＡＶＩ」の開発チームを率いた技術者である。その手のプログラムを組むのは朝飯前で、利用したのはキヤノン時代に鼻っ柱の強い開発チームの部下たちの仕事ぶりをチェックするために自ら開発したパソコン操作の解析ソフトを改良したものだった。これは性能がよかったことから、のちにSeP（セキュリティプラットフォーム）という製品名で商品化された。

キヤノンの開発陣でもパソコンの業務外利用は多かった。酒巻はその経験から、キヤノン電子でもパソコンで遊んでいる者が相当いるだろうと思ったが、結果は予想以上だった。


なかでも衝撃を受けたのは、「キヤノン電子で一番優秀」と評判だった工場の生産技術部門の20代の女性が、勤務時間の大半をパソコンで遊んでいたことだった。

女性はインターネット上に美術評論の掲示板を立ち上げ、主催者として管理しており、勤務時間中にずっとそれをやっていたのだ。ネット上で美術サークルを主催できるだけの知識や行動力があるなら、それは本来、仕事で活《い》かされるべきだ。酒巻は女性に、

「あなたのような優秀な人がなぜ勤務時間中にそんなことをしていたんですか」

と尋ねた。女性は目に涙をためながらこう訴えた。

「私だってほんとうはもっと仕事がしたいんです。でも仕事がないんです。朝、会社に来て、1時間もパソコンに向かえば、その日の私の仕事は終わってしまうんです……」

上司に管理能力がないと、部下は有能であればあるほどパソコンで遊ぶ。部下の能力と上司の与える仕事の質と量がミスマッチを起こすからだ。女性の話を聞いた酒巻は、これは彼女の能力に見合う仕事を与えてこなかった上司の責任が大きいと判断し、彼女の上司である課長に話を聞いた上で降格にし、女性には別の部署への異動を命じ、反省を促した。

生産技術部門の人員は、当初80人だったが、パソコンのログ解析でほかにも遊んでいる社員が多いことから、酒巻は半分の40人に縮小し、残りの40人は工場の別の部門にまわした。それでも仕事に何の支障もなかった。40人はもともと不要な人員だったのだ。

酒巻が降格人事の対象としたのは、基本的にこの課長のように部下の能力も把握していない当事者意識に欠ける無責任な人物である。管理職には自部門の業績を上げるだけでなく、部下を育てるという大事な役目がある。部下の能力を活かすどころか、ムシロになっているような管理職がいては困る。

酒巻は降格人事を断行したが、敗者復活の道は残した。降格された時点で辞めた者もいるが、残った者のうちの約8割は、心を入れ替え、当事者意識と責任感を持って仕事に取り組む姿勢が評価され、1年以内に、復活人事で元の役職に返り咲いた。

降格人事は慎重に調査したうえで行う必要があるが、社内に緊張感を与える意味では、抜群の効果を発揮する。だらけた人間は管理職にはなれない、と会社に一本筋が通り、たるんだ空気がピシッと締まる。

酒巻経営改革④　人事は上から一気
半年から1年かけてしっかりと人物観察をしたら、人事は上から一気に手をつける。上が変われば、会社に緊張感が戻る。ただし、敗者復活の道は残しておく。

新しい賃金制度を導入する

酒巻は降格人事の断行と同時に新しい賃金制度を導入している。仕事の成果に応じて給料を支払うもので、キヤノン本社が導入を予定していた制度をキヤノン電子が先取りする形で、まずは管理職を対象に２００１年度から採用した。一般社員への導入は1年後の２００２年度からで、その際、酒巻は、全社員を前に次のように述べた。
「新賃金制度というのは給料が下がることとは違います。いままでは年齢が上がったというだけで給料が高くなっていく賃金体系でした。これが、働きに見合う賃金体系となるのです。

ですから、会社としては、人件費の抑制ではなく、配分の方法をいままでと変えるだけです。そういう意味では給料が上がる人もいます。反対に下がる人も出てくると思います。それは、みなさん一人ひとりがどれだけ努力するかで自分自身の給料が決定されることになりますから、当然やりがいも出てきます。

一生懸命働いても、働かなくても給料が同じでしたら、人間というのは働かなくなってしまいます。新賃金制度の導入により、みなさんが仕事と正面から向き合い、自分自身を見つめなおすきっかけを作っていただきたいと思います」

酒巻は、雇用を守ると社員に約束する一方で、「これまでのように言われたことをやっているだけではいい給料はもらえませんよ」と釘《くぎ》を刺すことも忘れなかった。そこに込めた思いは、「仕事というのは当事者意識と責任感を持って、自分で考え、能動的かつ積極的に向き合えば、言われたことだけをやるよりずっと楽しいし、言われたこと以上の価値を生み出すことができる。それこそが評価されるべき仕事の成果であり、給料アップにつながるのだ」、ということだ。

すべてを半分にするＴＳＳ½を実効あるものとして全社で推進するには、社員一人ひとりが自分の頭で考えて創意工夫をすることが必要不可欠になる。成果に応じた新しい賃金制度は、そのためのモチベーションを刺激する効果も意図していた。

利益目標を超過した部分は、社員に還元する

人はやりがいがないと必死に働こうとは思わない。キヤノン電子では、利益率の年度目標を実際の期待値より少し低い値に設定し、それをクリアした分は、ボーナスとして社員に還元している。これも社員のやる気を引き出すために酒巻が考えた施策である。

たとえば、売上高経常利益率の目標を、本当は6％ぐらいはいけそうとわかっていても、実際に掲げる目標値は5％にしておく。そして、その年度が締まって、売上高経常利益率が6・5％になっていたら、1・5％分は社員に一時金として還元するのだ。

目標だけ与えられて、それを達成したら翌年、さらに高い目標が課されるだけでは、人は目標を達成しようとは思わない。「緊張感」と「達成感」、さらに「達成した場合の果実」があってこそ、人は能動的に動くようになる。

酒巻はキヤノン時代もそのように考えていたが、社長でなければ、実際にその施策を実行することはできない。会社のトップとして、やりたいと思ってきたことを実行できる面白さ、そして、社員の生活と人生を担うという責任の重さの両方を、酒巻は感じていた。

酒巻経営改革⑤　賃金制度の変更
仕事をやってもやらなくても同じ賃金制度は変える。また、会社の利益率の目標は少し低めに設定して、それを超えた分は社員に還元するという「果実」もきちんと用意する。毎年毎年、きついノルマを課されるだけでは、人は動かない。

改革についてこられない50代の処遇

酒巻の改革も2年目に入ると、人事も含めて、速度感を増していく。

すべてを半分にするTSS½は、工場の現場での作業スピードも従来の2倍以上になっていく。そのスピードについて来られる工場の現場の人間もいれば、50代でその変化についていけず、会社を辞める社員も相次いだ。いずれも長い間、キヤノン電子に尽くしてくれた功労者で女性も多い。

人間尊重の経営を信条とする酒巻は、彼らをそのまま路頭に迷わすようなことはしなかった。生活保証金として5年間にわたって給料の60％を毎月支給し、退職金も支払った。再就職も斡旋《あっせん》した。

ただしキヤノン電子の内部情報や製造ノウハウが流出しては困るので、競合する業種の会社には再就職しないと一筆書いてもらった。そのうえで酒巻は「再就職先で困ったことがあればいつでも言ってください。支援します」と約束し、実際に支援の要請があれば、本社工場の一線級の人材を派遣し、全力で技術支援などを行った。

これだけすれば、辞めていく人間も悪くは思わない。再就職先も「キヤノン電子にいた人を採用すると支援をしてくれる」と大いに喜び、悪評ばかりだったキヤノン電子の評判が好転する契機になった。

退職者への支援については、

「辞めてもらう人にそれだけのお金を払うのはそれこそムダではないか」

「何も辞める人間の面倒をそこまで見る必要はないだろう」

そんな声も聞かれたが、酒巻は意に介さなかった。彼らが会社に残れば、ムシロ現象で下の人間が育たなくなるし、改革のスピードも上がらない。辞めていく彼らへの支援は、キヤノン電子を高収益企業へ変えるために必要なコストである。スピードについていけない社員にしてしまったのは歴代のキヤノン電子経営陣の責任であり、辞めていく人たちにしっかりと報いるのは、会社としての責務だと酒巻は考えた。

退職者の生活保証金の支給は、勤続20年以上で50歳以上の社員を対象に制度化された。退職しても5年間にわたって給料の60%が毎月支払われることで、退職者はキヤノン電子とのつながりを実感できた。会社都合のリストラ解雇なら悪口も言いたくなるが、このような形であれば、改革についていけずに辞めたというザラついた気持ちも救われる。

会社が負担した生活保証金の費用は、制度化してからの10年間で約30億円に達した。会社としてみれば、それだけの費用を負担しても、社員として給料を払うよりは大幅に人件費を削減できる。退職者と会社双方にとって益のある施策だった。

冷遇されていた三人のキーパーソン

酒巻は、ダメなリーダー層を一掃、部長以下の降格人事を行う一方で、それまで冷遇されていた生え抜きの優秀な中堅、幹部に目を向け、処遇の見直しをはかった。就任1年目の人物観察を通じて社内的にあまり評価されていない役員や管理職のなかに優秀な人材がいることに気づいたからだ。

彼らは、ダメな上司に伸びる芽を摘まれ、長いこと冷や飯を食わされていた。

赤字部署や会社の改革は、社長や部長一人で成し遂げることはできない。リーダーが掲げた目標に共鳴し、「今度こそ変わるぞ」と現場で自主的に先頭に立ってくれる人間が何人も出てきてくれることが必要である。

酒巻は、能力とやる気にそぐわないポストにいた人物を改革の担い手にすべく、重要なポストに積極的に取り立てた。


そのなかに改革のキーパーソンとなった三人の人物がいる。

一人は、関連会社4社の整理を行った前述の内田敬だ。

内田は地方の国立大学を卒業すると1969年にキヤノン電子に入社し、長く経理畑を歩き、89年から97年まではキヤノン電子のマレーシア法人（CEM：キヤノン・エレクトロニクス・マレーシア）の社長を務めた。酒巻がキヤノン電子の社長に就任した当時は、取締役企画室長の任にあったが、キヤノンから出向で来た役員に頭を押さえられ、やりたいこともできずにうつうつとした思いを抱えていた。

内田にはかつて酒巻に褒められた記憶があった。酒巻がキヤノンの生産本部長時代に、キヤノンのグループ各社がアジアで展開している現地法人の合同会議がタイで開かれた。内田もこの会議にCEMの代表として出席した。各社の代表はみな大所高所から経営課題を発表したが、内田は当時ＣＥＭで一番困っていたコストダウンの重要課題である主要治工具《じこうぐ》の現地化に関する取り組みと結果について発表した。

最後に酒巻の講評があった。

「一番印象に残ったのはＣＥＭの具体的な発表でした」

酒巻は総花《そうばな》的な話を嫌う。自分の仕事に責任を持って遂行するには、常に具体的なテーマや目標がなければならない。内田の発表は喫緊の課題を押さえていた。だから褒めた。

内田はキヤノンの生産本部長に評価されたことがとても嬉しかったが、まさか後年、その人の部下になるとは夢にも思わず、酒巻の社長就任が決まったときは、「これはえらいことになった」と身が引き締まる思いがした。かなり厳しい人だと噂《うわさ》に聞いていたからだ。

着任早々、酒巻から関連会社の整理の仕事をふられたのは、先に述べたとおりだ。内田はこの一件で、「会社にとって正しい、やるべきことを、スピード感を持ってやること」がいかに大事かを学んだ。

営業パーソンに必要な資質

「野坂くんはどうしていますか？」

酒巻は、秩父に赴任してまもなく、旧知の野坂孝一の姿が見えないのに気づき、役員の一人にたずねた。すると、「彼なら、どっかで遊んでいますよ」という。

酒巻はキヤノン時代の1990年前後の時期、米国に頻繁に出張していたが、ちょうどその時期、野坂もキヤノン電子の部品をキヤノンの販売網で売るために米国で営業の最前線にいた。酒巻はその働きぶりをよく知っていただけにいぶかしく思い、すぐに野坂を呼んで問いただした。

「遊んでるそうだが、もうやる気がないのか？」

「そんなことはありません。でも私には仕事がこないんです」

それを聞いて、ダメな上司にムシロを被《かぶ》せられ、干されているんだな、と察した。

父親がキヤノン電子の幹部であったことから、お前もキヤノン電子に入れと言われ、親子二代で入社した男で、もともとは大学の工学部を出た優秀な技術者だった。キヤノン電子では、技術のわかる営業としてキヤノンにも出入りして活躍していた。

酒巻が社長に就任した当時、キヤノン電子はキヤノン本社のカメラのシャッター関係の仕事をあまり受注できていなかった。子会社だからといって、自動的に親会社から仕事が降りてくるわけではない。キヤノン本体は本体で、厳しい開発競争や価格競争に勝つために不断の努力をしているわけで、力もやる気もない子会社への発注は、しりすぼみになる。

それでもキヤノン電子にはキヤノン本社に知己の多い野坂がいるのにどうしてだろうと不思議に思っていたが、干されていたと知り、受注できていない理由がわかった。これも当たり前の話だが、誰でも顔を知っていて、信頼ができる人間に仕事を発注する。そこに営業パーソンの存在意義がある。

酒巻は野坂に、

「遊んでいる時間は終わりだよ。これからは、またバリバリとやってもらうから」

と告げた。

40代後半になっていた野坂は、あと10年、つまらない時間を過ごすことになると思っていたが、酒巻の登場で会社は変わるだろうと思っていた。久しぶりに酒巻さんに会ったけど、淡々としたなかに、以前にも増して厳しい緊張感を漂わせていて、身が引き締まるなあ。よし、俺も、気合を入れ直すぞ——。野坂は久しぶりに熱い気持ちがわいてきた。

野坂はその翌週にはキヤノン本社の光学系の営業担当になり、ほどなくシャッター関係の新規の受注に成功した。野坂は水を得た魚のように働くようになった。日々、営業に奔走するだけでなく、担当製品に何か問題が生じれば、休みの日でも工場へ足を運び、現場の人たちと対策を練った。

それはかつて酒巻が米国で見た、いきいきと働く野坂の姿そのものだった。

上がダメな会社には、干された一流の人材が各部門に必ず埋もれている。それを見つけ出して取り立てる。そうすれば、組織は必ず再生し、活性化する。

左遷で不遇をかこっていた男

野坂と同様に干されて腐っていたもう一人の改革のキーパーソンがいる。「指示と報告」の話のところで一度登場した夏木亮三である（49ページ）。地方の国立大出身で、内田と同じ69年入社。生産技術のエキスパートだが、酒巻が来る数代前の社長時代、ある日の昇進発表で自分の部下が一人も昇進しなかったのが納得できず、

「いったいこれはどういうことですか。なぜ私の部下は一人も昇進しないんですか」

と社長室に怒鳴り込んだ結果、左遷にあい、不遇をかこっていた。

夏木はしかし、酒巻が社長に就任すると知ったとき、少しだけ希望を抱いた。それはキヤノン本社で目の当たりにした衝撃の体験があったからだ。

酒巻がキヤノンの生産本部長だったとき、夏木はキヤノン本社で開かれたキヤノングループの生産技術部長会議に出席したことがある。

そのとき出席者の一人に酒巻が聞いた。

「その仕事の遅れは、何が原因で、どう手を打つの？」

担当者が、

「善処します」

と答えたとたん、夏木の目の前で「バカヤロウ！」と酒巻の雷が落ちた。

その場が凍り付くとは、こういうことを言うのだと、夏木は初めて知った。まさに会議室は、瞬間冷凍されたように凍り付いた。いまではパワハラだと問題になりかねないが、かつての日本にはそんな鬼のような上司が少なくなかった。

酒巻は、曖昧な報告を何より嫌う。「だと思います」「と思われます」「のようです」といった発言をした瞬間、「それは事実なのか、希望的観測なのか」と必ず追及される。自分で確認したことを、「～です」と言えなければ、報告ではない。

酒巻の厳しさを目の当たりにしていた夏木は、だからこそ、キヤノン電子は変わるかもしれない、と希望を抱いた。そして、「すべてを半分に（TSS½）」というスローガンを聞いたあと、夏木は工場の生産効率を上げるためのさまざまなアイデアを考えては、酒巻のもとを訪れ、意見を求めた。酒巻の前に行くときは、極度の緊張を覚えたが、酒巻は夏木の意見を頭ごなしに否定することは一度もなかった。

「ここはどうなってるの?」

「ここを、こうしてみたらどう?」

酒巻は、いつも夏木にヒントとなるような示唆を与えてくれた。そのヒントの意味がすぐにわかるときも、すぐにはわからないときもあったが、必ず気づきやブレークスルーにつながるタイミングが訪れた。

酒巻は、キヤノン電子にこれほど意欲のある人材がいたかと喜び、左遷の経緯を知り、野坂同様に、夏木も取り立てた。

酒巻が生産技術部長のポストと仕事を与えると、夏木は不遇の時代を取り戻すかのように生産現場の効率化に精力的に取り組み、酒巻の改革に大きく貢献した。

酒巻経営改革⑥　優秀な人材の発掘
たるんだムシロ上司の下で干されていた優秀な人間は必ずいる。そうした人間を見極め、チャンスを与えれば、改革を達成するためのエンジンとなってくれる。

烈火のごとく、部下を叱るとき

酒巻とともに、キヤノン電子の生産性向上に邁進《まいしん》する夏木だったが、生産技術部長という要職につくと、酒巻はますます厳しくなった。

酒巻のスタンスは、上に立つ人間に対して、より厳しくなる。なぜなら、工場という生産現場は、命の危険と隣り合わせであり、上の立場になればなるほど、その責任は重くなるからだ。

あるとき、夏木が酒巻と一緒に秩父の工場内を歩いていると、アルミニウムを研磨した際に出る金属粉がそのまま通路脇に置いてあった。それを見つけた瞬間、

「バカヤロウ！　爆発したらどうするんだ。すぐに片付けろ！」

と酒巻の雷が落ちた。アルミの金属粉は水と触れると爆発する。その金属粉が放置されているというのは、絶対にあってはならないことだった。

夏木は慌てて、金属粉を処理した。工場の現場責任者を呼んで厳重注意するとともに、再発防止の徹底策を立て、レポートして、この件はようやく落着した。危険を防いで、従業員の安全を守るのは、工場の責任者が一番にすべき仕事であり、その基本は常に徹底しないと

いけないと、夏木は改めて心に刻んだ。

夏木は、アルミの件で叱責したとき酒巻が見せた夜叉《やしゃ》の形相を思い出すといまでも震えがくるが、一方で仕事に対してあれほどまでに満腔《まんこう》の怒りを人前で表す人間が、いったいいまの世の中にどれだけいるだろうかとも思う。


戦時中の1940年に生まれた酒巻は、年の離れた兄が戦場で苦労していたこともあり、母親から「戦争に行っても死なないように何でもできる人間になれ」と言われて育った。

そのため走る、泳ぐはもとより、戦地では全部自分でやらなければならないからと裁縫までおぼえた。おかげでいまでもズボンの裾上げなどは自分でできる。ワイシャツのボタン付けなどは部下を叱る片手間にやってしまうほどで、実際、夏木はそれを自ら経験した。右手で、ワイシャツの左袖にボタンをつける針を動かしながら、「わかっているのか！」と叱責されるのは、何とも不思議な経験だった。

しかし夏木は思う。酒巻の仕事に対する厳しさは、キヤノンで世界を相手に戦ってきたがゆえの厳しさであり、それだけ厳しくなければ、会社は成長を続け、生き残っていくことはできないのだと。

事業部制への変更

社長就任2年目。新しい賃金制度の導入とともに制度面での大きな改革になったのは事業部制への変更である。酒巻は次のような利点を期待し、事業部制への変更を決断した。

事業部制では、事業部長の権限で意思決定が迅速に行えるため、責任の所在が明確で、顧客に早く製品を届けることが可能になる。事業部間の競争が促進され、社員のモチベーションも向上する。また事業部長が経営の経験を積むことができるため、将来の経営陣の育成にもつながる。

事業部制は、各事業部が一つの会社のように動くので、それまでは、開発は設計したら、あとは製造や営業に任せきりだったのが、「開発・製造・営業」が密にやり取りをして、本当に売れる商品をつくる仕組みができていく。たとえば、お客様からキヤノン電子の部品や商品について要望が出ても、それまでは、なかなか製造や開発にまで伝わらなかったが、事業部制ではその情報共有の量とスピードが格段に良くなる。

ただし事業部制では、事業部間の競争が悪いほうに働き、短期的な利益を重視しがちで、

図1　事業部制に組織を作り変える

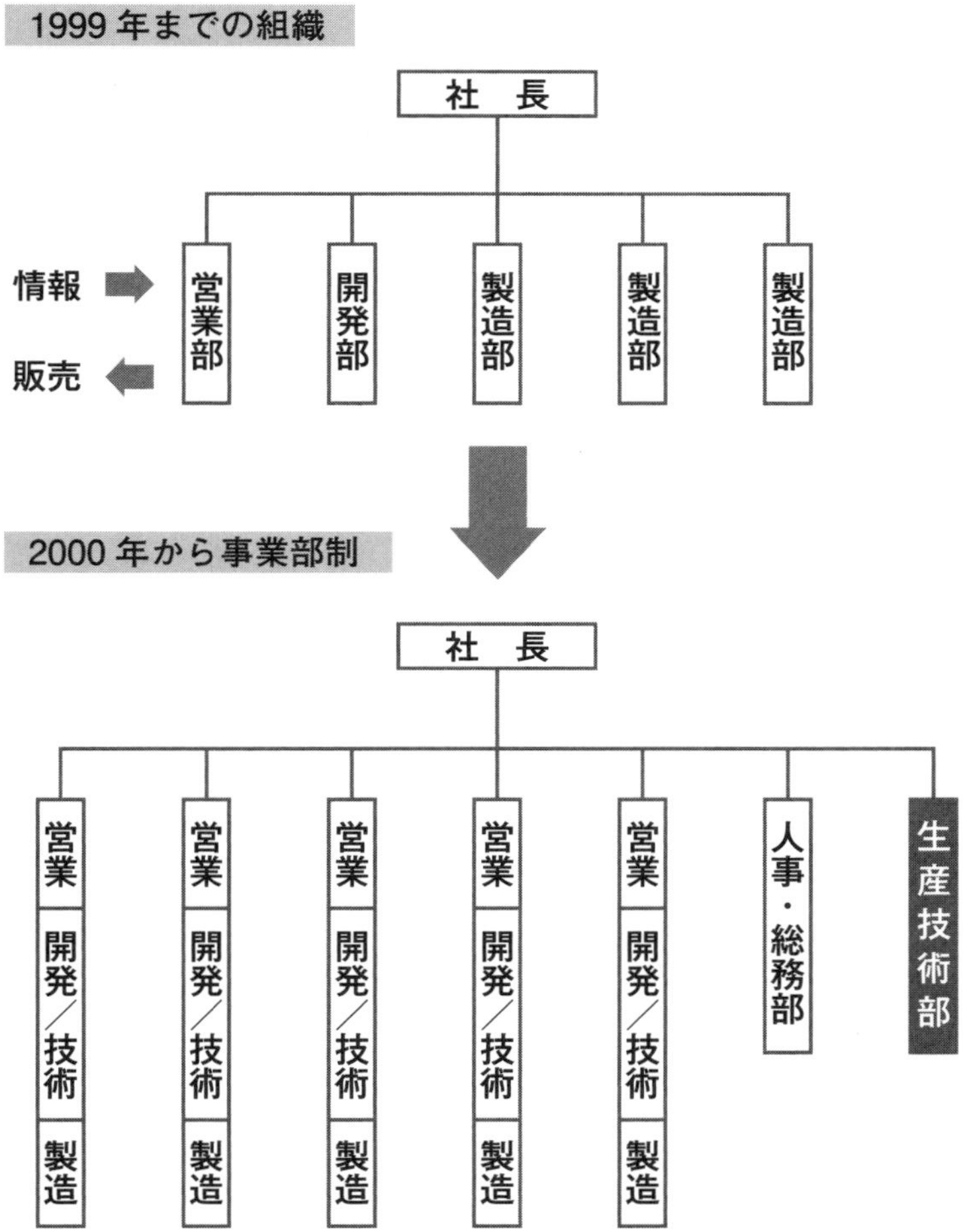

事業部制では責任が明確になり、お客様に製品を届けるスピードも上がる。各事業部がタコツボ化しないよう、生産技術部を横串で通す。

しばしばセクショナリズムの悪弊に陥る。そこで酒巻は、悪しき縄張り争いが起きないように各事業部に「生産技術部」を横串として通すことにした。生産技術部が、磁気コンポーネント事業部や、三次元加工機の事業部など、各事業部を横断的に見ることで、生産技術が各事業部でタコツボ化することなく、横展開できるようになる（前ページ図1参照）。

その背景には「これからは生産技術こそがカギを握る」という技術者出身の経営者である酒巻ならではの確かな「技術観」がある。私たちのまわりには次々に新しい製品が登場するので、日々、新しい技術が生み出されていると思いがちだが、実際には過去50年間、画期的な新しい技術は生まれていない。すべては過去の技術の「焼き直し」である。

そこで競争力を左右するのは「生産技術」の差であり、少なくとも今後数十年のスパンにおいては優れた生産技術を持つかどうかで企業の命運は決まる。

事業部制への変更は、そのために酒巻が打った勝負手の一つだった。


キヤノン電子では、いい意味で各事業部間の競争を促進するため、月1回の事業打ち合わせを行っている。各事業部長が発表を行うのだが、その順番は売上の成績順。最後のほうにまわると肩身が狭く、胃が痛くなる。だが、その緊張感こそが仕事を伸ばす。

酒巻が狙ったのはまさにそれであった。

花火代の寄付増額に込められた意図

秩父市の中心部に鎮座する秩父神社は、秩父地方の総鎮守で、12月の例祭「秩父夜祭」は、「山・鉾・屋台行事」(18府県の計33件)の一つとしてユネスコの無形文化遺産に登録されている。夜祭は冬の花火が名物で、キヤノン電子には毎年、秩父市の観光協会から花火代の寄付の依頼がある。例年30万~50万円を出していた。

内田敬は、酒巻の社長就任1年目の秩父夜祭を前に、酒巻に呼び出された。

いったい、なんの話かと緊張して社長室に入ると、

「武甲山《ぶこうさん》の山頂から三尺玉をあげよう」

と酒巻に言われた。

「花火のことはよくわかりませんが、例年、30万円から50万円を花火代として寄付していますが、とてもその金額では収まらないと思いますが」

「構いません。見積等、すぐに取ってください」

との指示だった。

酒巻はふだんから「ムダを省け」「会社のアカを落とせ」と繰り返し、また、「僕はムダな

金は絶対に使わない」ともしばしば口にしていた。そんな社長が、花火代の寄付額を増やす理由が内田にはわからなかった。

ただ、酒巻は幹部に指示を出すとき、理由の多くを説明してはくれない。このときもそうで、やれと言われたら、やるしかない。

内田は武甲山の山頂から三尺玉を打ち上げられるかどうか、秩父市に問い合わせたが、

「埼玉県の許可が下りないので不可」との返答だった。

その旨、酒巻に報告すると、

「それなら二尺玉数発、尺玉１００連発、キャノンと浮き出る創作花火、豪華なスターマインをあげなさい」

との指示が出た。早速、秩父市、花火業者と打ち合わせをしたところ、見積金額は例年の花火代からすれば、文字通りの桁違いであったが、酒巻はまるで意に介さずこう言った。

「これで行こう。当日は秩父に20万〜30万人ほどの観光客が来る。広告宣伝費としては安いもんだ」

ところが、二尺玉は花火の開花時の直径が約４８０メートルもある。打ち上げ場所は山の上でかなり狭い。なるべく後ろに下げて花火が開いたとき住宅にかからないようにしたのだが、それでも一部が住宅にかかってしまう。このため住民の一部に公会堂に避難してもらい、

万が一の火災に備えて大型ヘリコプターで水を撒《ま》いたりもした。

幸い何事もなかったが、例年であれば、2、3分で終わるキヤノン電子の花火が、尺玉100連発があったことから40分近く続いた。しかもそれが豪華絢爛《けんらん》で、その間、「キヤノン株式会社、キヤノン電子株式会社提供」と繰り返しアナウンスが流れる。

今回の花火は地元の人や観光客も喜んでくれて、キヤノンとキヤノン電子の宣伝効果、ブランドイメージの向上に寄与したが、それだけのお金をかける価値があるのかどうか、内田にはわからなかった。

ところが、しばらくして、内田は酒巻の深謀遠慮に驚くことになる。


キヤノン電子の子会社にキヤノン電子ビジネスシステムズという会社がある。キヤノンの事務機を販売している会社で、酒巻が社長で来た当時は、リコーやゼロックスに押され、秩父でのシェアは20%程度しかなかった。酒巻は営業部隊に発破をかけ、「これを80%にしろ」と指示を出した。

酒巻はその際、やみくもに飛び込み営業をするのではなく、これまでのお客様や、地縁・血縁など、頼れるものは全部頼って「紹介営業」に徹するように指示を出した。キヤノン電子は、秩父が地元の会社であり、使えるものはすべて使って勝つのがビジネスの鉄則である。

そして、紹介をお願いする際に、もっとも効果があったのが、秩父夜祭での花火だった。

複写機などの事務機の売上先は、商店か会計事務所で、彼らは花火代を5000～3万円ぐらい寄付する当事者だった。だからあれだけ豪華絢爛な花火を大量に打ち上げれば、いったいどれだけ費用がかかっているのか、だいたい想像がつくのだ。それだけにキヤノン電子の多額の花火寄付は、「キヤノンさんよくやってくれた、大したもんだ」と大いに評価を上げ、キヤノン製品への乗り換えにつながった。

それから数年後には秩父のシェアが、酒巻の求める80％まで拡大した。多額の花火代を惜しまず寄付したことが、事務機の売上急増に寄与したのだ。

「僕はムダな金は絶対に使わない」

酒巻の言葉に嘘《うそ》はなかったことが、ようやく内田にはわかった。


花火の話には後日談があり、内田はさらに驚くこととなる。

酒巻が社長に就任した頃、社員が通勤で使う車が増え、駐車場不足が問題になっていた。当時、キヤノン電子の敷地内には、野球もできるグラウンドがあった。ところが社員がたまにキャッチボールをする程度でほとんど利用されていなかった。

内田は酒巻に呼ばれ、

「グラウンドを潰して木を植え、駐車場にしよう」

と指示を受けた。グラウンドを潰すことに社員の一部から反対する声もあったが、駐車場不足の解消にはやむなしと納得してもらい、実行に移した。いまでは緑に囲まれたきれいな駐車場になっている。

これを機に秩父以外の事業所も含めて従来無料だった駐車料金を月額1000円（年間1万2000円）徴収するようになった。会社の敷地を1台数平米とはいえ1日8時間以上占有するのは、車通勤していない他の社員に対して不公平との考え方によるものだ。

秩父での駐車場代は、キヤノン電子が先に寄付した花火代とぴたりと一致する。つまりキヤノン電子が寄付する花火代は、結果的には社員の寄付で成り立っていたともいえるのだ。

酒巻がここまで計算して秩父夜祭への寄付増額を決断したかどうかはわからないし、おそらくは偶然の一致だろうが、あまりの符合ぶりに、内田は心底、驚いた。

地元を愛し、地元に支持される企業のあり方を内田は学んだ。

データ主義

酒巻はデータ主義者である。あらゆる物事をデータに基づき評価し、考えることが習慣化している。たとえば、会議室や応接室などは利用状況をデータで把握し、「これならいる」「これならいらない」と判断する。それを社員にも求めている。

こんなことがあった。キヤノン電子は秩父市内に体育館を所有していたのだが、ほとんど利用する社員がいなかった。このため近所の子どもが勝手に入り込んで遊び場のようになっていた。そのような状況を初めて知った酒巻は、即座に言った。

「そこでもし子どもがケガでもしたら誰の責任になるんだ?」

そう指摘されるまで誰もそのことに気づきもしなかった。もし事故でも起きれば、キヤノン電子は、施設管理者として賠償責任など何らかの責任を負わざるを得ないだろう。それを考えれば、ほとんど利用していない体育館を所有し続ける意味はない。

それから間もなくその体育館は、秩父市に引き取ってもらった。

社会貢献活動としての三峯神社復興支援

企業は社会的存在である。キヤノン時代、酒巻は環境経営の推進役だったこともあり、公害問題などにも詳しい。酒巻はよく「地元に愛される企業にならないといけない」と言うが、それは地元を敵に回しては、結局、企業活動など成立するはずがないからだ。

そうしたこともあり、酒巻はキヤノン電子の社長になってからも地元との関係はとても大切に考えてきた。秩父夜祭の花火代の寄付などはその最たるものだが、酒巻はもう一つ、秩父の文化遺産を守るための大きな社会貢献活動を続けてきた。

それは秩父神社、宝登山《ほどさん》神社と並ぶ秩父三社の一つ「三峯《みつみね》神社」の復興事業への奉賛である。

酒巻は秩父に赴任してから秩父市内を隈《くま》なく歩いたが、山歩きも趣味であり、三峯神社へも早々に足を運んだ。そのときの三峯神社は、拝殿、山門などの柱や壁、天井画などが腐食し、色あせ、一部崩壊している状況だった。

このままでは先人の残した貴重な文化遺産が消滅してしまうと危機感を覚えて、宮司にその思いを伝えると、以前からこれらを復興したいと思っていたが、財政難でかなわず、悩んでいるところだという。

それを聞いた酒巻は、神官などの真摯な働きぶりに心を打たれたこともあり、復興に協力することを決意、早速、三峯神社奉賛会が結成され、宮司の要請で酒巻が会長に就任した。

酒巻と宮司の熱意は、地元をはじめ全国の講元や信者、崇拝者を動かし、大規模な浄財募金活動に発展、多額の寄付を集めることに成功した。キヤノン電子およびキヤノン電子の社員も多額の寄付をしている。その結果、無事、復興事業は完成を見た。

神社がきれいになったこともあり、いまでは参拝者や信者も格段に増え、パワースポットとしても有名になり、秩父の観光資源としても大いに貢献している。

企業の社会貢献活動はしばしば話題になるが、全国的にも名の知れた歴史的な文化遺産の修復に、これだけ大規模に取り組む例はそうはない。

それを導いたのは「地元を大事にする」という酒巻の経営理念だった。

酒巻経営改革⑦　地元に貢献
地元を大事にし、地元に貢献することで、地元に愛される企業になる。そのことは地縁・血縁などを使ったビジネスシェアの増大にもつながり、会社の成長を手助けしてくれる。

3章

強みを見極め、自ら動く社員に変える仕掛けを作る

――2年目からは一気に改革を進める②

コア技術を伸ばす

ムダをなくせば利益の出る会社になる。そうやって自己資本を増やし、コア技術に資金を投入することで技術力を磨き、新規事業に参入する――。

それが酒巻の考えたキヤノン電子再建のロードマップだった。

就任1年目、酒巻は「人材」とともに「コア技術」の見極めも行った。コア技術は、自分たちが特別に保有し、競争力のある技術を言う。コア技術のない事業は厳しいコスト競争に晒《さら》される。それを回避するには、「選択と集中の原則」に立って、事業の取捨選択を正しく行う必要がある。

これを間違えて、本当は有用な技術を捨てたことによって傾いた会社も多くある。技術と事業の「選択と集中」は、技術者、経営者としての質が問われ、会社の未来を左右する最重要事項である。その際、なるべく川上のコア技術を選択することで、より付加価値の高い（＝売価の高い）ものづくりが可能となる。

酒巻はキヤノン電子の社長に就任したとき、キヤノンの仕事におんぶにだっこの子会社ではなく、「たとえキヤノンが潰れても、潰れない会社にする」と心中、密《ひそ》かに決意していた。

それぐらいの覚悟がなければ、本当に自立した会社にはなれないし、そのためにもキヤノン電子の独自の技術力に磨きをかけていく必要がある。

酒巻は社長就任7年後の2006年11月に、某テレビ局の生放送の番組に出てインタビューを受け、

「酒巻社長の目標は何ですか？」

「キヤノンが潰れても、潰れない会社にすることです」

と正直に答えてしまったことがある。キヤノン電子の幹部は肝を冷やしたが、酒巻に何か言ってくる人間は誰もいなかった。

就任からの1年で磁気コンポーネントの事業内容をつぶさに検討した酒巻は、社力を集中し、伸ばすべきコア技術を、

① 超精密加工技術（小型シャッターなどの映像機器精密部品）
② 磁気制御技術（磁気センサーなどの磁気精密部品）

の二つに見定め、感熱式プリンターのような旧世代の競争力のない技術は捨てることにし

た。

キヤノン電子は、もともと精密プレス加工や精密切削加工の技術に優れ、前身の秩父英工舎の時代からキヤノンのカメラ部品（セルフタイマーや絞りユニットなど）を受注していた。酒巻が社長に就任した当時は、カメラ市場がフイルムカメラからデジタルカメラへと急転換する時期で、小型シャッターの需要増が確実視されており、会社の総力を挙げる必要があった。

不遇をかこっていた野坂孝一をキヤノン本社向けの光学系の営業担当に抜擢《ばってき》し、関係を強化、シャッター関係の受注増につなげたのは、こうした背景があったからだ。いまやキヤノン電子の小型シャッターは市場シェアの多くを占めている。


またキヤノン電子は、秩父英工舎時代の１９５０年代末にキヤノンが開発したシンクロリーダー（紙シートの裏に磁気録音を施し、表の印刷を読みながら再生した音が聞ける音の出る本）に磁気ヘッドを供給して以来、磁性材料やマグネットに優れた技術力を有し、オープンリールやカセットのデッキ、ＶＴＲ、銀行ＡＴＭなどの磁気ヘッドを手がけるなど実績があった。

キヤノン時代からその技術力をよく知っていた酒巻は、時代の変化を見据え、新たに高感度な磁気センサーや高トルクのステッピングモーターなどに商機を求めた。この決断が時代をリードする磁気・マグネット関連の商品群の開発につながった。この部門はいまやキヤノン電子の稼ぎ頭の一つになっている。磁気センサーの技術は、のちにキヤノン電子が宇宙ビジネスに参入する際にも大きな力になる。


ただし、この選択と集中は、すんなりスタートが切れたわけではなかった。あるとき、キヤノン本社のある役員から、キヤノン電子の小型シャッターと磁気部品の仕事をグループ内の別の子会社に譲ってくれないか、との打診が突然来たのだ。

キヤノン電子の再建の切り札とも言うべきコア技術を譲れるはずがない。これはほんとうに本社の意向なのか。キヤノン電子の再建を託した御手洗社長が、いくらなんでもそんな仕打ちをするだろうか。怪訝《けげん》に思った酒巻はすぐに御手洗社長に電話をかけた。

「いま本社からこんな話が来たんですが、これは社長のお考えですか」

「いや違う。そんなことを私が言うはずがないだろう。それらがキヤノン電子のコア技術だと酒巻君が思うなら、私が全面的に協力するから、思い切ってやればいい」

いい仕事がほしくて本社の親しい役員を動かしたということか。酒巻は御手洗社長の言葉に安堵《あんど》する一方で、そこまでせざるを得なかった別の子会社のトップの心中を思った。

思わぬ形で御手洗の支援を取り付けた酒巻は、早速、コア技術の部門の人員を大幅に増やすと、各部門長を集め、こう発破をかけた。

「総力を挙げてキヤノン電子のコア技術にしよう！」

その後酒巻は、キヤノン時代に自ら手掛けたドキュメントスキャナーのほか、ハンディターミナル（携帯型コンピュータ）や小型成形機なども独自のコア技術として開発を進め、大事な事業の柱に育てていく。

直行率100％――生産技術を強化する意味

酒巻はコア技術に集中するとともに、コア技術を生かすには「生産技術」の強化が必要だと考えた。不遇をかこっていた夏木亮三を生産技術部長に復帰させたのもそのためである。

生産技術とは、要求されている製品や部品の品質を保ちつつ、低コストかつ短納期で効率よく量産する生産体制を築くのが仕事だ。

業務内容は、

①現状の生産体制の課題抽出から改善

② 新規生産ラインの立ち上げ
③ 工場の増新設

など多岐にわたる。生産現場と開発設計部門の間に入って、業務内容の見直しや人員の配置に関わることもある。

一言でいえば、多角的な視点から生産ラインの設計、管理を行うのが仕事だ。そして、先にも述べたように、新しい技術が50年間は登場していないことを考えると、今後、少なくとも30年は、コア技術を生かすための生産技術こそが製造業の浮沈のカギを握ると酒巻は考えていた（105ページ図2参照）。

生産技術が主導権を持って低コストかつ短納期で高品質の製品や部品を量産する――。酒巻がその先に求めたのは、「直行率100％のものづくり」である。直行率とは、生産された製品や部品のうち、不良品（不具合が発生し修正できずに廃棄されるもの）と手直し品（不具合を修正して良品になったもの）にならずに一発で完成した良品の割合をいう。

たとえば、ある工程に部品を100個流したとする。良品が80個、不良品が20個であれば、直行率は80％になる。不良品20個のうち手直し品が15個、修正不能の不良品が5個とすれば、次の工程に流せるのは良品80個と手直し品15個の計95個。この場合の良品率は95％だが、これには手直し品の15個が含まれる。生産効率を高めるには直行率を改善し、一発で良品となる割合を増やす必要がある。

そこで重要になるのが生産技術であり、その強化を最重要の経営課題の一つとして酒巻は捉えていた。

不良品は会社に埋まっているムダのもっともわかりやすいものであり、不良率が下がれば、その分がまるまる利益として乗ってくる。

また、直行率を上げることは、海外や中小企業との競争に勝つために必須の戦略だった。

結論から先に言えば、キヤノン電子は、これから述べる諸施策を通じて生産技術を強化し、秩父工場などは直行率100%をほぼ達成する。

いまでは不良がほとんど出ないので、たとえば外注の仕事の場合、下請けメーカーより強い。賃金コストは下請けとは倍近い差があるが、不良が出ないから手直しの必要がなく、トータルの生産コストでは逆転してしまう。

不良が出なければ、自分たちでチェックする必要がないので発注元は喜ぶ。信頼して「キヤノン電子さんの値段でいいですよ」と仕事を発注してくれることもある。このため外注の仕事は経常利益率が20%にもなるときもある。生産技術を強化して直行率100%をめざし

図２　生産技術が今後30年のメーカーの命運を決める

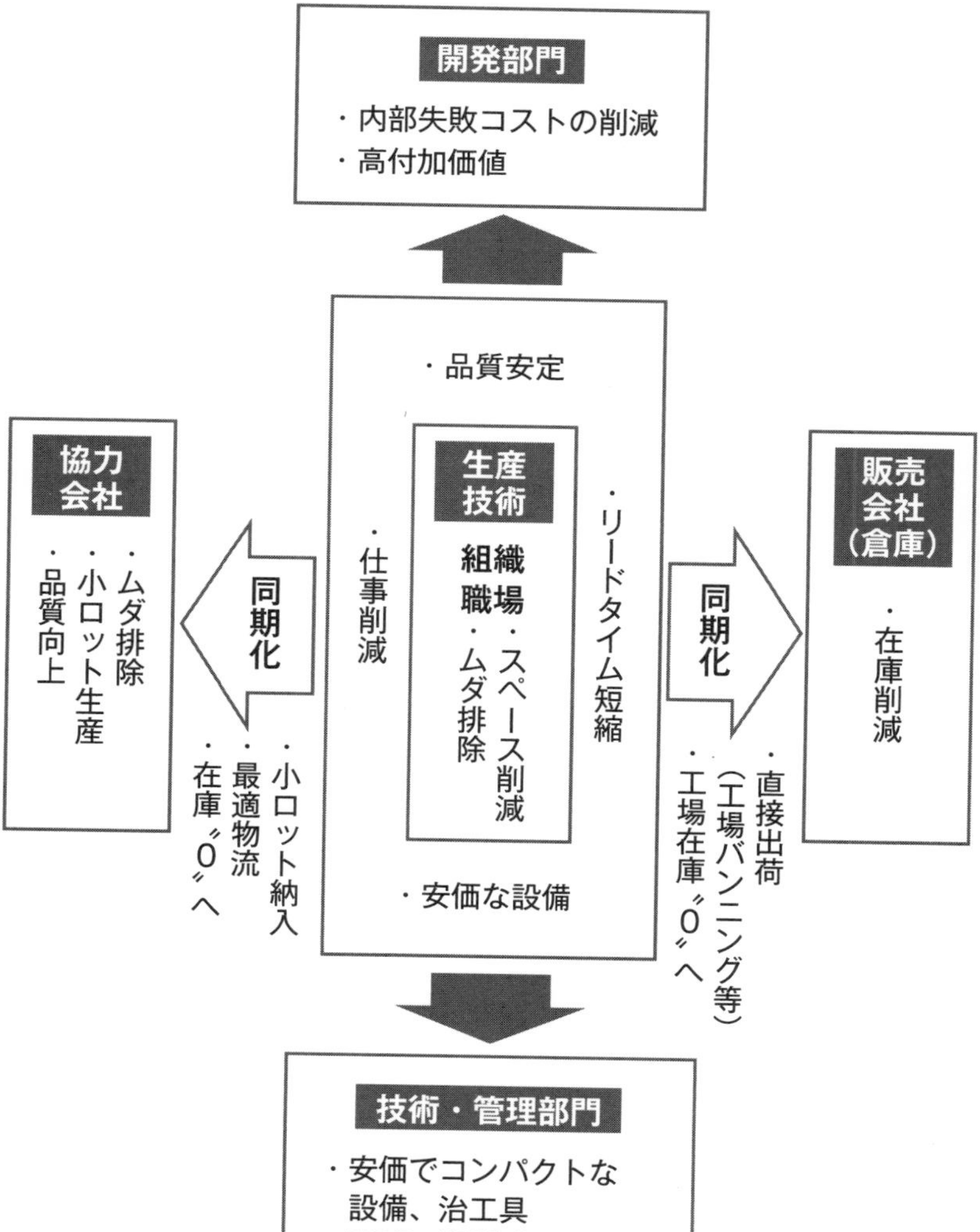

た成果である。

詳しくは後で述べるが、コア技術に磨きをかけるとともに、生産技術を強化して直行率100%をめざすことは、実は人工衛星とロケットという宇宙事業への布石でもあった。

小型の精密機械部品を組み立てるキヤノン電子のコア技術を生かして、まずは小型の人工衛星事業に参入する。自社で人工衛星をつくるとともに、さまざまな宇宙関連事業に部品メーカーとしても参入していく。その際に、多品種少量生産にも直行率100%で対応する生産技術の力が意味を持ってくる。

酒巻の頭の中ではそのような地図ができあがっていたが、そのことを酒巻は社長になってから10年近くは、自分一人の頭の中にしまっておいた。改革が始まったばかりのキヤノン電子の社員に「宇宙事業」といっても、「はあ?」とポカンとするだけだろうし、ライバル企業もいる世界に参入するには、横やりが入らないように、最初は静かに布石を打っていくのがセオリーだからだ。

酒巻経営改革⑧　生産技術の強化

コア技術を見極め強化し、直行率１００％をめざして生産技術を強化する。それが今後数十年、製造業が生き残るための鍵となる。

意識改革のための二つの戦略

ムダをなくし、利益の出る会社にするために酒巻は、生産・開発にかかわる時間、生産スペース、不良、人・物の移動距離、CO_2排出量などをすべて半分にする「ＴＳＳ½」を掲げた。コア技術を生かすための生産技術の強化は、その核心テーマであり、実現には指示待ちで受動的な幹部や社員の意識を、自分で考えて行動できる能動的なものに変える必要があった。

ただし言うは易《やす》しで、業績不振の会社の意識改革は難しい。それができれば会社再建は半ば成功したようなもので、立て直しを託されたトップは誰もがこれに腐心する。

酒巻は意識改革のために二つの戦略を取った。

一つは酒巻の強いリーダーシップのもとに会社方針として行うもので、

①ピカ一運動
②ＣｈｉＥ・Ｔｅｃｈ
③間締《まじ》め
などの諸施策がそうだ。

もう一つは、酒巻が一部の幹部社員にヒントを与えたり、質問したりして、それを起点に全社展開するもので、
①朝の挨拶運動
②立ち作業、立ち会議
などがこれによって全社に広がった。
以下、具体的に見てみよう。

ピカ一運動の推進

酒巻の「会社で働く者はすべて能動的たるべし」とする考え方の原点は、キヤノンの「三自の精神」にある。三自とは「自覚、自発、自治」のことで、「自分の立場や役割を自覚し、何事も自ら進んで行い、自分のことは自分で管理する」という意味である。

一言でいえば、「自分で考えて動け」ということで、そこにあるのはキヤノン伝統の「人材育成の基本は自己啓発であり、仕事の現場こそが人を育てる」という基本思想だ。自ら成長を求めない限り、教育の成果は限られる。一つの現場を実際に経験することは10の座学にまさるというのがキヤノンの人材育成の哲学であり、酒巻はそれを叩《たた》きこまれて育った。

だからキヤノン電子の意識改革でも体験型であることをとりわけ重視した。真っ先に取り組んだのは、まさに頭で理解するのではなく、自分で考え行動することによって、身をもって経験、体得する「ピカ一運動」の推進だった。

就任1年目の1999年秋から始まったこの運動は、全社員を対象に部門ごとに社員を1チーム四、五人のグループに分けて、それぞれが「世界一」をめざすテーマを決めて活動するものだ。

自分たちでテーマを考え、計画を立て、実行し、評価する。10点満点で達成度合いに応じてマイルストーンを設定し、3カ月（長くても6カ月）おきに自ら評価を下す。他グループとの比較ではなく、自ら設定した目標に対する絶対評価だ。

目標とするテーマは自由で、会社にとってプラスになることであれば、何でもかまわない。

たとえば、

「電話対応世界で一番」

「きれいな職場世界で一番」

「体脂肪の減少率世界で一番」

「新技術世界で一番」

などといった具合だ。そうやって各グループが自分たちで決めたテーマで世界一をめざす。みんながそれを達成すれば、世界一の会社になれる。少し遊び心を交えながら、目標に向かって努力し、その達成を実感する、まさに体験型の意識改革運動だ。

もともとはトヨタ自動車のエンジンの主力工場で実践していた活動で、酒巻がキヤノン電子の社長に決まった後、再建のヒントを求めて同工場に視察に行った際に教えてもらい、使用の許可を得たものだった。その工場は不良を劇的に減らしたことで知られ、その原動力となったのがピカ一運動だった。導入に当たってはブリキのワッペン（直径7㎝、厚さ5㎜）

を作り、運動の見える化と連帯感を演出した。これもまた酒巻の発案だった。

前述のように酒巻は、仕事を与えられると、それがどんな仕事であっても、いつも一番になることをめざしてきた。夢と目標を定め、自分を鼓舞することで、仕事は楽しくなるし、成果も上がる。キヤノン電子の意識改革にピカ一運動を取り入れたのも、自ら目標を掲げ、それを達成するためにあれこれ試行錯誤することで仕事は楽しくなるし、成果も上がることを知ってほしかったからだ。仕事は自分で考えてやるようになると面白い。それに気づいて、自ら目標を立てて仕事をすることを習慣にする。それこそがピカ一運動のめざしたものだった。

ただし酒巻は、いきなりピカ一運動を始めたわけではない。社員一人ひとりに運動の意義を自ら考え、理解してもらうために、全社員を対象に、この運動を推進するための標語を募った。前述のアンケートと同様に1件1００円。５０００件近い応募があり（約50万円）、「誰にでもキラリと光る夢がある。皆でつかもう世界の一番」が最優秀賞に選ばれ、標語に決まった。

多くの社員は当初、ピカ一運動がどういうものか、よくわからなかった。

当時、秩父市に隣接する横瀬町《よこぜ》にあったキヤノン電子横瀬工場の係長だった河原崎信孝もその一人だった。

ピカ一運動って、いったい何だ？――。

何をやるのか、やればいいのか、まるでわからない。ピンと来なかった。だが、標語の募集があり、それを考えることで、だいぶイメージできるようになった。

河原崎は自分のグループに、「三自の精神で世界一」を提案した。グループで話し合って採用が決まると、それを達成するために「三自の精神を学ぶ鏡」を作った。全身が映し出せる姿見で、当初は鏡1枚だったが、その後、三面鏡になり、各工場などに置かれている。

毎朝、出社時にこの鏡の前で「今日は○○をやります」とその日の目標を宣言し、退社するときにまた鏡に向き合い、その目標を達成できたか、我が身を振り返る。これを毎日繰り返すことで三自の精神を身につけるのが目標だ。

河原崎のグループのメンバーも、最初は気恥ずかしい感じがあったが、慣れてくると、どうということはない。河原崎も、毎朝と帰宅前に自分自身を見つめる習慣は、自分自身の状態、体調や良い仕事ができているかどうか、といったことを把握するのに役立つことを実感していった。河原崎のグループのメンバーも、自分の現在を「自覚」することの大切さを感じた。

キヤノン電子では毎年優れたピカ一運動を表彰しているが、河原崎の「三自の精神を学ぶ鏡」は、その第1回の優秀賞に選ばれた。一人ひとりの成長を自ら促すための素晴らしい仕掛けだったからで、酒巻も高く評価した。

河原崎たちが行ったことは、何も工場の生産現場だけに求められることではない。設計も営業も経理も人事もまったく同じである。始業の前にはその日やるべきことを確認し、終業後はそれができたか振り返り、できなかったら何がいけなかったのか反省し、翌日やるべきことに生かしていく。自分を伸ばし、成長させて、いい仕事をするために必要な毎日のルーティンである。

ただし、酒巻はすべての職場に「三自の精神を学ぶ鏡」を設置せよ、というような指示は出さない。取り入れる、取り入れないは各職場の自主性に任せている。酒巻の読み通り、「三自の精神を学ぶ鏡」を取り入れたのは工場の現場だけだった。工場には、素直で謙虚な人が多いのだ。

酒巻の経営改革で、真っ先に変わり始めたのも、やはり工場の生産性向上からだった。

ChiE‐Tech——知恵を使ってお金と時間は使わない

酒巻の掲げたムダをなくしてすべてを半分にするTSS½を実現するには、指示待ちではなく、社員一人ひとりが自ら考え、目標を設定し、主体的に行動する必要がある。

ピカ一運動はそのために導入された意識改革の仕掛けであり、その実践には「ChiE‐Tech」や「間締め」などの諸施策が酒巻の強力なリーダーシップのもと、会社方針として展開された。それはコア技術を伸ばすための生産技術の強化にほかならなかった。

ChiE‐Techとは「知恵テク」のこと。知恵を絞って生産設備や機械の効率化をめざすもので、酒巻の考えた「知恵を使ってお金と時間を使わない」を合言葉にした。

当時はパソコンが爆発的に普及し、アナログのフイルムカメラがデジタルカメラに急速に置き換わる時代で、商品の開発や生産の現場に許される時間もどんどん短くなっていた。このためキヤノン電子再建のキーワードの一つは「スピード」であり、それはたとえばベルトコンベア（自動機）のラインの遅さという課題となって現れていた。

自動機は、安全性を考えてラインのスピードが遅めに設定されることが多い。また大型製品も組み立てられるように大きめに作られるのが普通で、その分、駆動モーターも大きい。

小型製品を組み立てる場合は生産性やエネルギー効率が悪くなる。このため3、4年もすれば、使い勝手の悪さやムダの多さに気づくが、実際には5年、10年と補修をしながら使い続ける会社が多い。多額の投資をしたのだからもったいないと思うからだ。

酒巻はしかし、その考え方にはくみしない。生産性やエネルギー効率、人件費などさまざまな要素を勘案し、手作業や手作業中心の半自動化にしたほうが明らかにトクであるなら、稼働中の自動機に見切りをつけて償却処分すべきというのが持論で、実際、業務用のスキャナーのラインはすべて自動機から手作業に変えてしまった。遅すぎる自動機より手作業のほうがはるかに速く生産が可能で、生産性は1・3〜1・5倍に跳ね上がった。

またカメラ部品の自動化ラインも大型の駆動モーターを多数装備した全長15mの巨大なライン4本を1・6mの手作業中心の半自動機に作り変えた。それまで頭を悩ませた大量の仕掛品がなくなり、エネルギー効率も含め、生産性が大きく向上した。

現状維持は後退、変えることが正しい

酒巻の指示のもと知恵を絞ってこれらの見直しを指揮したのは、酒巻に見出され生産技術部長に復帰した夏木亮三だった。

夏木はChiE-Techの本質は、「何かをやれと言われたら、ぐずぐず言わずにすぐにやれ、ということ」だと受け止めた。

人は何かをやらなければならないとき、やれ予算がないとか、時間がないとか、とかくできない言い訳をしがちだが、実はそうやって何もせず現状に甘んじるのが一番よくない。流れを失った水は必ず淀《よど》む。いまのままでいいと思った瞬間から人も組織も劣化を始める。その意味で現状維持は悪であり、現状を改めること、変化させることは常に善である。やってうまくいかなければ、また別の方法を考えればいいから、とにかくやってみる。

お金もない、時間もないが、すぐにやらなければならないと思えば、人は必死で知恵を出す。脳内で知恵が活性化し、火事場の馬鹿力を起こす。酒巻が社員に求め、期待をしたのは、まさにそれだと夏木は考え、「四の五の言わずにやれ、知恵を出せ!」と社員に発破をかけ、生産技術の強化に努めた。それは手作業や半自動化に最適な数々の小型化装置や効率のいい自前の生産設備や機械の開発という大きな成果につながった。

胃が痛くなる、「今週は何を変えたの?」

「三自の精神を学ぶ鏡」で登場した河原崎は、その後まもなく課長に昇進した。当時、37歳。

よし、これから工場をよくしていくぞ、と思いを新たにしていたある週末の金曜日のこと。午後3時頃、酒巻がふらっと横瀬工場にやってきた。

何しにいらしたんだろう？

河原崎が緊張していると、

「今週は工場の何を変えましたか？」

と酒巻。今週、変えたことは何だろうと、必死になっていくつか報告すると、

「漫然と仕事をするのではなく、一つでも、二つでも改善点を見つけて、毎週、テーマを持って仕事することが大事だよ」

と言って、酒巻は帰っていった。

冷や汗を流しながら、確かに社長の言う通り、昨日と同じことをしていては、進歩はないなと、肝に銘じた。

ところが、その翌週の金曜午後3時頃、また酒巻がやってきた。

「今週は何を変えたの？」

河原崎は、今週、変えたところを具体的に答えると、酒巻は、

「いいね」

と満足そうに頷き、帰っていった。

毎週金曜の午後になると酒巻がやって来て、「今週は何を変えたの？」と同じ言葉をかけてくる。

河原崎にとって、毎週金曜午後は、胃が痛くなるほどのとてつもない緊張とプレッシャーに襲われる時間となった。

その重圧に押し潰されそうになりながら、TSS½を達成するために、ムダはないか、半分にできることはないか、必死に考え、改善点を模索した。絶対に手抜きはできない。そんなことをしても生産現場を熟知している酒巻にはすぐに見抜かれる。

河原崎は、課長になったとき、酒巻から言われた言葉を思い出した。

「管理職にとって一番大事なのは、どれだけ部下に緊張感を与えられるかだ」

社長、その緊張感、十分すぎますよ、と思いながら、河原崎は酒巻のもう一つの言葉も思い出した。

「管理職にとってもう一つ大事なことは、小さくてもいいから部下に達成感を与えること」

毎週金曜日のチェックで、たまに酒巻から「それはいいね。よく気づいた」と言われたときの達成感は、河原崎に仕事の喜びを教えてくれた。

酒巻の愛のムチを受けて成長した河原崎は、のちにキヤノン電子の役員に出世する。

酒巻経営改革⑨　常に変え続ける

現状維持は後退。変え続けることが正しい。トップが「何を変えたの？」と問い続けることで、現場が緊張感とスピード感を持って、仕事の改善に取り組むようになる。

知恵テクが生み出した数々の成果

酒巻の「ムダをなくせば、それがそのまま利益になる」という話がストンと腑《ふ》に落ちた秩父工場の製造課長、棚橋寿雄は、ＴＳＳ½という目標と、それを実現するためのＣｈｉＥ‐Ｔｅｃｈに自分のベストを尽くそうと考えていた。

元々、現場でものを作るのが大好きだった棚橋は、工場の現場そのものにムダが埋まっていないか、という目線でチェックしていった。その結果、現場に近い通路（廊下）に設置されていた温水加熱器と配管を何とか撤去できないかと考えた。工場では「動線」が大切で、不要なものが通路にあると歩くスピードは落ちるし、つまずいたりしてケガをしかねない。

そこで、通路にあった温水加熱器と配管を撤去すると、温水加熱器を室内へ移設し、従来の配管の代わりに蛇管を使って温水を浴槽に入れることで通路に障害物のない状態を創り出すことに成功した。

ある日、工場を訪れた酒巻は、通路の温水加熱器がないことに気づき、棚橋に声をかけた。

「あの邪魔になっていた温水加熱器がないけど、どうしたの?」

「実は改善のために撤去して移しました」

「どこに移したの?」

「部屋のなかに移して配管も蛇管に変えました」

酒巻はすぐさま工場の室内に移動し、棚橋の行った温水加熱器の改善を確認した。満面の笑みを浮かべながら酒巻は、

「これはいいね。すぐに表彰しないといけないな」

そう言いながら棚橋の手を力強く握りしめた。

棚橋はその瞬間、背中に電気が走ったような感銘を受けた。それまでの会社人生で、社長に直接声をかけられたことなどほとんどなく、ましてや握手を求められたこともなかった。この人についていこう。酒巻社長の下、会社の改善に自分のすべてをつぎ込もうと、心を鷲《わし》摑《づか》みにされた。

棚橋はChiE-Techで大きな成果を挙げた社員として表彰された第一号になった。

その後、キヤノン電子では月一回、幹部会を開き、ＣｈｉＥ－Ｔｅｃｈで大きな成果を挙げた社員については、その席で取り上げ、満場一致で優秀と評価されるとこれを表彰するようになった。

仕事に大切な「緊張感」と「達成感」。成果を挙げた社員はきちんと褒めたたえ、表彰することも、酒巻は大事にしてきた。

表彰する際には、結婚している場合には配偶者に、独身の場合はご両親などに、お好みでお肉か海産物を贈ることにしている。社員に賞金をあげても、パッと飲みに行って終わってしまうが、「あなたのご主人（奥さん、息子さん、娘さん）のお仕事はキヤノン電子に大きな貢献をしてくれましたので、ここに感謝のしるしを贈ります」という手紙を添えて美味しい物を贈れば、社員の家族も喜んでくれる。そして、家族が仕事を応援してくれれば、社員はまた、仕事に精を出してくれる。

酒巻はそう思って、この施策を続けている。

酒巻経営改革⑩　緊張感と達成感

社員を成長させるのは「緊張感」と「達成感」、そして達成したことを会社や多くの仲間に認められ、表彰されること。会社はこの仕組みをしっかりと作らないといけない。

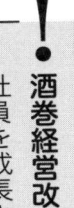

成果は具体的な数字で「見える化」する

温水加熱器の移設にともなうエネルギー削減効果は、排熱が生み出すブロー水（温水）の再利用による電気代の節約なども含めて年間22万5000円になった。ブロー水は雑巾を洗ったりするのに使われている。秩父の冬の寒さはかなり厳しいので、冬場の水が冷たい時期にはことのほか社員に喜ばれている。

成功体験は人を成長させる何よりのエンジンだ。棚橋は温水加熱器の移設を機に仕事への意欲を一層燃やすようになり、生産技術の改善に大きな成果をもたらした。

たとえば、外注すれば10億円はかかるようなメッキの設備をわずか3000万円で内製したほか、買えば5億円はする別の芯金メッキ装置というのも自前で製作、それも買うよりはるかに使いやすい卓上小型化を実現している。

いずれも生産性や安全性など必要な機能に特化、とことんムダを排除して製作費用を抑えた結果である。

棚橋は使う材料についても、これまでの先入観を捨てて、100円ショップで購入したカゴやシャワーヘッドなども買ってきて性能を試してみた。その結果、高い部品を購入しなくても、100円ショップのものでも、十分に使えるものがたくさんあることがわかった。

棚橋は、社長が言っていた「金を使わずに頭を使え」というのはこのことだな、これまでの常識を捨てれば製造現場には無限の可能性がある、とますます仕事の面白さにはまっていった。

メッキの設備の改善の効果は驚くべきものだった。使用スペースは400㎡が80㎡へと5分の1になり、電気代などのエネルギー削減効果は年間1906万円にのぼった。

こうした削減効果について、酒巻は必ず全社的に「目に見える数字」で発表する。曖昧な感覚ではなく、具体的な数字で「見える化」することで、TSS½の効果が社員全員にわかるようになる。成果は目に見える具体的な数字で共有することが大事なのだ。棚橋の成果も、もちろん数字で社内に示された。そのことは、棚橋自身の誇りにもなったし、他の社員にとっては、大きな刺激になった。

棚橋はその後も、生産技術の現場で、数々の工夫を重ねて、最終的には「棚橋研究室」を持つに至り、そこの室長を務めた。まさにChiE-Techを象徴するような社員であり、また彼が中卒であることを考えれば、その処遇はキヤノン電子の人材登用において学歴は一切関係ない、という指針の証明でもある。

酒巻経営改革⑪　お金を使わず頭を使う

「知恵テク＝知恵を使ってお金と時間を使わない」に終わりはない。知恵テクで削減されたスペースや金額などを「具体的な数字で見える化」して、全社に示すことで、改革はさらに加速する。

全社的な戦略③

「間締め」の徹底で作業スペースを削減

酒巻はTSS½を実現するカギは「生産スペースの削減」にあると考えた。必要以上に大きな生産スペースは、照明や冷暖房、動力などでムダが多いし、人や物の移動でも運搬や歩行、待ち時間などのロスを生む。人や物の移動距離は長くなるほどコミュニケーションの不足や部品の落下などで不良が発生するリスクも高くなる。

生産スペースを削減し作業者間の距離を縮めることは、コスト削減や省エネだけでなく、不良の発生を抑える効果があるほか、成果が目に見える形で現れることから社員のやる気を鼓舞する効果も期待できた。

生産スペースの削減のために酒巻が求めたのは「間締め」の徹底だった。間締めとは、できるだけコンパクトなスペースでものづくりを行うために、作業者と作業者の間隔を詰めたり、生産ラインの工程間の距離を縮めるなどして、部品や仕掛品の移動距離を短縮することをいう。

具体的には、機械や設備の間を詰めたり、生産ラインを短くしたり、フロア単位でレイアウトを変更したり、部品の置き方や作業のやり方、治工具の工夫などで作業台を小さくするなどの工夫をする。

そのために知恵テクが駆使され、さまざまな設備や機械の小型化などが行われた結果、キヤノン電子の生産スペースは、酒巻が社長に就任した1999年には4万3216㎡あったのが、2001年には半分以下の2万461㎡になり、2年で目標の「半分」を達成した。その後も生産スペースの削減努力は続けられ、2007年には1万7052㎡と改革前に比べて61％もの削減につなげている。

6掛けで購入せよ

スペースの削減は、工場だけでなく事務所でも行われた。

事務方の内田敬は、酒巻からの矢継ぎ早の指示で事務所の改善の諸施策を行うが、スペースの削減はその主要テーマだった。ムダなスペースが、ムダな移動距離や光熱費を生むのは、工場でも事務所でも変わらない。

内田は酒巻に言われ、まず、事務部門や生産管理部門の机を全部入れ替えた。その際、従来バラバラだった机のサイズをすべて同じサイズで統一した。バラバラのサイズの机を並べると凸凹《でこぼこ》が生じ、レイアウトにムダが出る。キヤノン電子の事務所は、まさにその状態だった。サイズを統一すれば、ムダのないレイアウトが可能になり、その分、省スペースが実現する。

ただし問題は予算だった。内田が見積金額を酒巻に示すと、

「この6掛けにしなさい」

と一言だった。

8掛けならともかく、6掛けは無理だろう、と内田は汗が噴き出してきたが、言われたら、四の五の言わずに、まずはやらないといけない。相手は大手の事務機メーカーであり、「大量購入だから何とかお願いします」と粘り強く交渉しても、案の定、とても6掛けまでは下がらない。酒巻に再度掛け合っても、「6掛けじゃないとダメです」で終わり。

困り果てた内田は、

「差額は自分で払いますから6掛けでお願いします」

と先方に頭を下げた。それを見て哀れと思ったのか、驚いたことに先方は、

「わかりました。6掛けでいきましょう」

と内田の要求に応じてくれた。喜び勇んでその旨酒巻に報告すると、

「だから、6掛けで買えたでしょ」

と、にやりと笑う。

だからじゃないよ！　自腹を切るって言ったら奇跡的に買えたんだよ！と腹の中では思っても、酒巻にはとても恐ろしくて言えない。ただ思い返すと、これまで酒巻の指示で、無理だよ！と思っても、懸命にやれば必ず何とかなってきたのが不思議だった。

酒巻の指示で行った事務所の改善は、このほかにもたくさんある。

まず事務所の床に絨毯《じゅうたん》を敷いた。絨毯はワックスがけのような面倒なことがいらない。

掃除機をかければ済むし、傷めば張り替えればいい。管理が楽で、何より音がしないから仕事にも集中できる。

壁一面に本棚も作った。これは、①地震対策、②保温効果、③防音効果などを狙ったものだ。秩父の冬は最低気温が氷点下になるのが当たり前で、寒い。保温効果は省エネにつながる。

食堂や工場の玄関マットは、内と外に1枚ずつあったものを外側の1枚だけにした。「内側に置く必要はない。ムダ」という酒巻の判断だったが、内田は退職したのち、ある会合で「マットは内外両方に置く必要はない。外だけで十分と言ってリース契約を半分切られたことがあった。あれをやられるときつい」とボヤく御仁に会った。キヤノン電子に玄関マットをリースしている会社の元社長だった。それを聞いて内田は、なるほど、あれはほんとうにムダだったんだな、と改めて酒巻のムダを見抜く力を思った。

酒巻に指示されて、秩父の事務所に本棚がある小さな図書館も作ったが、本はほとんどが酒巻の蔵書だった。東京芝《しば》公園にある東京本社の社長室にも壁一面に蔵書が並べられている。

酒巻は内田をはじめ社員に、

「本を読みなさい。芸術は一流の作品に触れなさい。スティーブ・ジョブズもあらゆる芸術に造詣が深い教養人です。一流に触れなければ、一流にはなれない」

とつねに話していた。

あるとき、内田は酒巻に、「高校生のときに読んだギボンの『ローマ帝国衰亡史』は面白いよ」と聞いたので、読もうと思って調べてみると、岩波文庫で全10巻もあり、途中で挫折してしまった。

内田がのちにキヤノン電子の監査役を務めていたとき、商法改正があった。それに備えて関連する専門書を3冊買ってきて読み始めたとき、酒巻はすでに6冊読了しており仰天したこともあった。

酒巻の読書量は驚異的であり、それは読むスピードの速さに支えられている。目の前で、パッ、パッとページをめくっていく酒巻に、

「それは、速読法ですか」

と聞くと、

「速読を習ったことはないよ。昔からの訓練かな」

と酒巻は答える。どのような訓練をすれば、あのスピードで本を読めるのかはわからないが、酒巻の経営者としての実力は、豊富な仕事経験と、膨大な知識量の双方に支えられているのだなと、内田は実感している。

千里眼に驚く

酒巻はキヤノン時代に茨城取手の巨大工場を立ち上げ、責任者としてこれを率いた経験を持つ、いわば工場運営のプロである。工場のことは一から十まで熟知しており、キヤノン電子でもムダのない動線を確保するため食堂の入口と出口を指定したり、不要な階段を指摘して従前の半分に減らすなどさまざまな改善を主導した。

夏木亮三が、社長に就任した酒巻と初めて一緒に秩父工場を見分したとき、突然足を止めた酒巻は、工場内の壁の一点を見つめ、夏木にこう指示を出した。

「あそこには窓があるからボードを外してください」

案内していた夏木は、酒巻の指し示す壁に目を凝らしたが、そこにはボードが見えるばかりで、その下に窓があるとは思えなかった。ところが後日、そのボードをはがしてみると、酒巻の指摘した通り、下から窓が出てきた。

今度の社長は千里眼の持ち主か？　この人の前では絶対にごまかしはきかない、と夏木は鳥肌が立った。

種を明かせば、酒巻は事前に工場の図面に目を通しており、あるはずの窓がボードで塞がれ、採光に問題ありと判断したからボードを外すように指示したにすぎなかった。

酒巻はそれまでの経験と、生来の空間認識能力からか、図面を見れば、その工場の善し悪し、改善点が一目でわかる。キヤノン電子がベトナムに工場を建てたときも、現地視察は行わずに、図面であれこれ指示するだけで事足りた。また、その指示が的確で、夏木のような生産技術の社員はしばしば驚かされた。


夏木にはもう一つ酒巻に驚いたことがある。それは工場のグランドデザイン（全体構想）の凄《すご》さだ。もともと秩父工場には廃棄物置場や外注工場など建屋が10個ほどあったが、生産スペースの削減を推進するなかで、それらをすべてなくしてしまった。

一度形ができてしまうと、人はなかなかそれを壊せない。ムダと思っても、その形のなかで動くことに安住しがちである。変える手間よりそのほうが楽だからだ。

酒巻はしかし、そうした安逸な態度を最も嫌う。ムダにまみれた古い仕組みや設備や機械などは、現状に甘んじて後退するばかりのダメな会社の象徴であり、再建するにはまずもってそれを捨てないといけない。それこそが会社を立て直す第一歩だ。だから秩父でもそうした。

しかし、そうした大きな絵を描き、実際に実行するのは容易なことではない。

すっきりとした秩父工場を見るたびに、夏木は酒巻の構想力と実行力にいつも感服する。

酒巻経営改革⑫　スペース削減

間締めで、ムダなスペースを削減することは、利益の掘り起こしに直結する。また、その成果が目に見えることからも、改革が進んでいることを社員に印象付け、改革を加速させる効果がある。

「ヒント・質問」ささやき作戦①

どうして朝の挨拶をしないんだろうね?

繰り返しになるが、酒巻はキヤノン電子の意識改革のために二つの戦略を取った。

一つは酒巻の強いリーダーシップのもとに会社方針として行う諸施策（ピカ一運動、ChiE-Tech、間締めなど）であり、もう一つは酒巻が一部の幹部社員にヒントを与え、それを起点に全社展開するもので、「朝の挨拶運動」や「立ち作業、立ち会議」などがこれによって全社に広がった。

会社を変えていくには、大きな目標を掲げて、社員のベクトルを合わせた上で、自主的に行動する社員を増やしていくしかない。そのために酒巻は、会社主導の全社的な運動に加え、酒巻が答えを与えるのではなく、ヒントを与えたり、質問をして気づかせることで、自主的な動きを促し、さらに社員の自主性を育てようと考えた。

学校の勉強を思い出せばわかるが、すぐに答えを教えてもらったことは身につかない。ヒントをもらって、自分で気づき、解答にたどりついたことは、忘れない。

あるいは、子育ても同じだ。親になんでもかんでも「あれをしなさい」「これをしなさい」と指示を受けて育った子どもは、自分の頭で考えて、行動することが苦手になる。親は何かに気づいても、すぐに答えを教えるのではなく、「どうして○○をしないの?」「○○したほうが、いいかもね」とヒントや質問で、子どもに自分で考えさせることが大切だ。

酒巻は会社を見て回って気づいたことを、「○○しなさい!」とすぐに指示することと、「どうして○○しないの?」と幹部社員に質問することに、意識的に分けた。

なぜ幹部社員なのかというと、リーダー層に気づきを与えることで、下へ横へと全社展開しやすくなるからだ。会社は頭から腐るが、会社を変える時も、頭から変えないといけない。

酒巻はキヤノン電子の社長になってすぐに「これはまずい」と感じたのが、全社的なコミュニケーション不足だ。まず、朝の挨拶すらしない。初出社の日、酒巻は自分から社員に「おはよう」と声をかけたが、新任社長の顔を知らないせいもあったのかもしれないが、怪訝な顔でちょこんと頭を下げるだけ。知らんぷりで通り過ぎる者も多かった。

翌日から気をつけて朝の出社風景を観察してみたが、やはり朝の挨拶をする者は皆無といってよかった。挨拶はコミュニケーションの基本であり、とりわけ製造業にあっては重要な意味を持つ。

たとえば、工場の作業員が、「今日の部品、なにかいつもと違う気がする」と思ったとき、周りの作業員や班長と十分なコミュニケーションが取れていれば、「今日の部品、少し、おかしいと思うんですけど」「機械もいつもと微妙に違う音を立てています」と気軽に声をかけることができる。それが、大きな不良を未然に防ぐことも多い。

ところが、お互いに挨拶もしないような関係だと、声をかけるのはめんどくさいな、不良が出たって責任を取るのは班長や工場長だから関係ないよ、となってしまう。

朝の挨拶をするかどうかは、それだけ見れば、取るに足りないことのように思えるが、実はコミュニケーション不足は、会社を危うくしかねない大きな問題なのだ。

危機感を抱いた酒巻は、ここでささやき作戦をとることにした。幹部社員をつかまえては、

「なぜ、この会社では朝の挨拶をしないんだろうね？」

とささやき続けたのだ。ささやき続けていれば、そのうち、誰かが気づいて動き出すだろうと読んでのことだ。

幹部社員は、最初のうち誰もが、「さあ、なぜでしょう」と言葉を濁すばかりだったが、しばらくしたある日、美里工場の管理部長が朝の挨拶運動を一人で始めた。毎朝7時15分、工場の正面玄関の前に立ち、出社してくる全社員に向かって、「おはようございます！」とひたすら声をかけ始めたのだ。

最初は誰もが「何やってるんだ？」といぶかるばかりで、ほとんど挨拶を返さない。せいぜい会釈をする程度だ。それでも管理部長は愚直に挨拶を続けた。すると一人二人と挨拶を返す社員が現れ、1カ月もする頃には誰もが当たり前のように「おはようございます！」と気持ちのいい挨拶を交わすようになった。

美里から始まった朝の挨拶運動を広げるために、酒巻は次に、

「美里では朝の挨拶をみんなやってるけど、なんでここはやらないんだろうね？」

と他の工場の幹部にささやき続けた。その結果、キヤノン電子では工場だけでなく、各部

署で、上司がそろって、出社してくる社員を笑顔と元気な挨拶で迎えるようになった。笑顔には笑顔が返ってくる。明るい職場の土台である。それに上司は毎朝、部下を迎えることで、部下の様子の変化などにいち早く気づいて、フォローすることができるようになる。

朝の挨拶運動は全社的なコミュニケーション不足を改善し、不良の激減につながった。1999年に100万個あたり166個だった不良が2004年にはたったの1個になった。

挨拶は人を変え、組織を変える。酒巻の卒業した栃木の進学高は、一時期荒れて評判を落としたが、酒巻の後輩が校長として母校に赴任、朝の挨拶運動を始めたところ、たちまち学校に落ちつきが戻った。これもまた挨拶の効果の一例であろう。

「ヒント・質問」ささやき作戦②

どうして大連の工場より遅いんだろうね？

酒巻が社長に就任した当時のキヤノン電子は、工場の生産性がよくなかった。あまりの生産性の低さに頭を抱えた酒巻は、赤城工場には「迷路」、美里工場には「涅槃《ねはん》」、秩父工場には「太極拳」という別称までつけて各工場に奮起を促した。

要はすべての工場のスピードが遅かったわけだが、複写機のカートリッジの再利用をしていた中国大連《だいれん》の工場に比べたら、秩父工場のスピードはおよそ4分の1に過ぎなかった。大連工場は、酒巻自身が赴いて鍛え上げたキヤノングループ屈指の精鋭工場だった。

酒巻は、

「どうして、大連工場より遅いんだろうね？」

と質問して、大連工場の作業を録画したビデオを夏木に渡した。

夏木は棚橋たちとビデオの映像を見ながら、みんなでその原因を考えた。

すぐに二つの違いが浮かんだ。

一つは、秩父は片手で作業しているが、大連では両手で作業していることで、生産性はこれだけで2倍違う。

もう一つは工場内を歩く速度の違いが際立っていたことだ。酒巻はその理由を知っていた。大連工場の寮の管理などをしていた女性が人民解放軍の元下士官で、早足での移動など軍隊式の規律を厳しく仕込んでいたからだ。

夏木たちは、酒巻に、

「両手を使っていることと、歩く速さがまるで違います。まずは、両手での作業を徹底します」

と報告した。

酒巻は、

「歩くスピードに、よく気がついた。実は、歩くスピードが上がると、手のスピードも上がる。私が調べた結果、5mを3・6秒というペースで歩くと、たとえ残業を2時間したとしても、手作業のスピードは落ちない」

とさらなるヒントを与えた。

夏木と棚橋は、「歩くスピードを上げれば、手作業のスピードも上がるということか。では、どうやって歩くスピードを身につければいいのか」と話し合った。大連の工場みたいに、軍隊式の行進を仕込むのも、違う気がする。

よくよく考えた末に、棚橋寿雄が、5mを3・6秒以内で歩かないと、のどかなクラシック音楽が流れる歩行速度の計測装置を作製し、工場内の2カ所に設置した。この仕掛けで、工場で働く社員に、歩く速度をふだんから体感し、遅い人は自発的にスピードを速めるように促したのだ。

遊び心を交えながらみんなで作業速度の改善に努めようという仕掛けには、酒巻も驚いたし、自発的な改善の着実な進歩を喜んだ。

また、ある時、酒巻は、

「作業スピードの速い人と遅い人が、どうして一緒なんだろうね？」

とささやいた。

作業者のレベルが不揃《ふぞろ》いだと、作業速度の速い人は遅い人に合わせるようになり、しばしば不良につながるようなミスを犯す。10の力があるのに6や7の力しか出さないと、「今日の夕飯のおかずは何にしようかな？」とか「今夜は面白いテレビ番組があったかな？」などとどうでもいいことを考えるようになり、集中力を欠きやすいからだ。

しかし、酒巻にささやかれるまで、夏木も棚橋も、そこに思いが至らなかった。そこで、秩父工場では、従業員の作業速度を測定し、ＡＢＣの三つのグループに分けた。その結果、スピードは上がり、不良も激減した。

夏木と棚橋は、酒巻のささやき指導を、貪欲に吸収していった。

「ヒント・質問」ささやき作戦③

立っているほうが、アイデアを思いつくスピードが速いらしいよ

話が少し前後するが、間締めによるムダの削減で大きな成果につながった施策の一つに

「立ち作業」の導入がある。スペースの節約と作業効率のアップのために椅子をなくして立って作業をするように変えたのだが、実はこれを始める際にも酒巻のささやきがあった。酒巻がまだキヤノンにいた当時のこと。あるとき、「アイデアが出やすいのは、座っているとき？　それとも立っているとき？」という米国の新聞記事が目に留まった。ＮＡＳＡなどが行った実験の結果を紹介するもので、アイデアの中身は立っていても座っていても変わらないが、アイデアを思いつくまでの時間は立っているほうが約30％も速い、とあった。

　酒巻は間締めを進めるなかで、ふとその記事のことを思いだした。そして秩父、美里、赤城の工場に足を運ぶたびに、幹部たちに向かって、

「座ってるより、立ってるほうがアイデアを思いつくスピードが速いんだってね。そういうデータが米国のＮＡＳＡなんかの実験で出てるらしいよ」

　とささやき続けた。

　すると美里にある工場の間接部門（技術開発・生産管理課と調達課）から、

「椅子をなくして立とうと思うのですが」

と提案が上がってきた。間締めで全社的にスペースの削減を進めた結果、椅子があると席を立ったりするとき少々狭く感じるようになっていた。

　酒巻は組合で問題にならないか気になったので、幹部にたずねた。

「そんなことして大丈夫？」

「心配いりません」

「だったら、やってみなさい」

と酒巻は立ち作業にゴーサインを出した。効果はてきめんに現れた。

工場の間接部門は、工場に隣接して生産管理や労務管理を行うのが仕事で、工場の現場で何かあれば、すぐに飛んで行かなければならない。椅子があるとどうしても腰が重くなるが、椅子をなくしたことで格段にフットワークがよくなり、工場で何かあればすぐに現場に駆け付け、話し合いをもち、迅速に問題解決がはかれるようになった。

酒巻はもともと、工場の間接部門の腰の重さが気になって、このささやきを続けていたのだ。工場の現場では立ち作業が普通なのに、現場を支えるサービス部門ともいえる間接部門のフットワークが重く、関連業者が訪ねてきても、対応が横柄なのも気になっていた。

「下請け」という意識が態度からにじみ出ていると、関連業者は部品、その他で「こうしたら、よりよくなると思うのですが」と改善提案をしてくれなくなる。下請け業者、という意識ではなく、同じ仕事をするパートナーとして、対等に丁重に接することで、「キヤノン電子のために、この改善を提案しよう」と関連会社の人も思ってくれる。

間接部門が立ち作業になると、お客様が来た時だけ座って打ち合わせができるので、みんながが競って、お客様を丁重にもてなすようになった。

すべての部署の社員が傲慢さをなくし、人間として成長すれば、協力してくださる人たちも増えて、会社は成長できると、酒巻は考えている。

「ヒント・質問」ささやき作戦④

売上のわりに、人が多いんじゃないかな

社長がささやくときは、必ずそこにムダがある——。

夏木亮三は、酒巻のささやきを聞くうちにそう確信するようになった。だから酒巻が、

「売上のわりには、工場の間接部門は人が多いんじゃないかな」

とささやくのを聞いたときは、これはやれということだなと受け止めた。

当時、工場の間接部門の人員は110人。ほんとうにムダが多いのか、早速、調べるために全員に業務日報を書いてもらい、数カ月かけて重複業務や必要のない業務などがないかチェックした。するとムダな業務がぞろぞろ出てきた。

その結果、工場の間接部門は、37人で十分やっていけることがわかった。残りの73人は遊んでいたのと同じだったのである。

酒巻は調査結果を受けて73人を工場の現場へ配置転換した。

やがてキヤノン電子では、椅子をなくす効果があまり期待できない設計開発や人事などの部署を除いて、明らかに立ったほうが効率の上がる部署については自発的に椅子の撤去が進み、立ち作業に変わっていった。

それにともない会議も「立ち会議」に切り替え、すべての会議室から椅子が撤去された。またそのために足に下駄《げた》をはかせて背を高くしたテーブルを社員が自分たちで作った。背を高くしたテーブルは、ホワイトボードとともにオフィスにも置いて、いつでも立ち話のように気楽に迅速に打ち合わせができるようにした。

立ち会議にした効果は絶大で、

①集中して中身の濃い会議が増えた
②だらだらと長いばかりの会議が激減した
③結論が出るのが速くなった

など経営会議から現場の問題解決に至るまで、素早く短時間で意思決定が下せるようになった。たとえば経営会議は当初2日半かかっていたのが、たちまち半日になり、いまでは2～3時間ですむようになっている。

酒巻経営改革⑬　質問で社員育成
すべてを指示して動かすのではなく、「ヒント」を与えたり、「質問」することで、社員が自ら正解にたどりつき、改善する経験を重ねることで、社員は成長していく。人は教えられたことより、自分で答えにたどりついたことのほうが、その経験を血肉化できる。

ルール厳守は改革の第一歩

酒巻はキヤノン時代、上司からルールを守ることについて、徹底的に教えられてきた。アルミの金属粉を片付けずにいて、水と接触したら爆発を起こす、と先に記したように、製造業では、ちょっとしたルール違反が命取りになる。
また、赤字に陥っているさまざまな部署や工場の立て直しに奔走してきた酒巻は、ダメな部署ほど、だらけていて、ルールが守られていないことに気づいていた。これに例外はなく、赤字部署や会社を立て直すには、ルールを守らせることも大事になる。

酒巻がキヤノンでデジタルシステムのチームを立ち上げて率いたとき、プログラミングミスであるバグが多いチームがあった。そのチームは、海外赴任を経験して帰国した30代の若手が中心で、彼らはプログラミングに背広は必要ない、と主張し、セーターにジーンズといったいで立ちで仕事をしていた。私服で仕事をしているのは彼らだけで、目立っていた。

酒巻が、

「みんな背広を着ているのだから、君のチームも背広にしなさい」

とそのチームのリーダーに言うと、

「わたしたちは、お客さんに会うわけでもなく、この格好のほうが仕事がはかどります」

と言う。

「わかりました。それでは、これから1カ月、君たちのチームと、背広で仕事をしているチームの仕事におけるバグの発生率を比べてみます。それで、君たちのチームのバグが少ないなら、その格好でいいよ」

と酒巻は告げた。1カ月後の結果は、私服チームのバグのほうが圧倒的に多かった。私服での仕事が緊張感の欠如につながっていたのだ。彼らは約束通りに背広で仕事をするようになった。

どこの会社でも30代半ばの社員が、一番、生意気である。

キヤノン電子で経営改革が進み始めると、案の定、30代の中堅社員が、「こんなにルールを厳しくする必要があるのか？」と声を上げ始めた。

酒巻は工場の現場の社員の長髪を禁止した。髪の毛は何色に染めていても構わないが、髪の毛が落ちると機械の不良につながるし、あまりに長い髪の毛はたとえ結んでいても、機械に巻き込まれたりしたら大けがにつながるからだ。

「ルールは入社したての時から、厳しく仕込まないといけません。ルールを守れない人間は、ずっとそのまま、ルーズな仕事しかできません」

酒巻はそう話すと、秩父市内のある交差点に30代の中堅社員を連れて行き、「信号待ちをしている車から、たばこのポイ捨てをするのは誰か」を実地で見て、検証させた。ポイ捨てするのは若者が多いだろうと予想する者が多かったが、結果は圧倒的に高齢世代が多かった。

「環境保護の大切さも学ばず、たばこのポイ捨てがルール違反という意識もなければ、いくつになっても、ルール違反を続けるんです。ルールを守ることが身についているかどうかが大事で、会社を支える中堅のあなたたちが率先してルールを守り、それを若手に教えこまないかぎり、キヤノン電子に未来はありません」

酒巻がそう中堅社員に告げると、彼らは納得して、それ以降はルール順守を徹底させる現場の核となっていった。

メール文化が会社を潰す

酒巻は、その他にもさまざまなルールを定めた。ただし、理由が説明できないルールは決して作らない。合理的でないルールは、社員の自主性の芽を摘み、会社の成長を妨げるだけだ。

たとえば酒巻は、同一フロアにおけるメールによる仕事の指示を禁止している。それは、メール文化が当たり前となり、社員同士のコミュニケーションの希薄化が気になっていたからだ。

あるとき、酒巻はトラブルが起きた際に、当該の部長を呼んで質問した。

「あのトラブルはどう対処したの?」

「すぐに○○するように、メールで指示しました」

というやり取りに驚いたことがある。部下にメールで指示を出すだけでも上司としての資質が疑われるのに、トラブルの対応をメールの指示で済ますとは、コミュニケーション能力の衰えもここまで来たのか。

現在なら、チャットワークやスラックを使用している会社もあるだろうが、酒巻の「大事なことは、①面談、②電話、③メールの順番でコミュニケーションをとるべし」という持論はゆるがない。同一フロアにいるのに、メールで指示や報告をしているようでは、どんどんコミュニケーションをとるのが億劫《おっくう》になり、大事な連絡すらメールで済ますようになる。

上司は部下と直接話すことで、メールの文面だけでは伝わらない、部下の状態、気持ちもわかるし、その場で、いろいろと質問、確認した上で指示を出すことができる。

立ったまま話せる机をオフィスの各所に配置しているのも、わざわざ会議室をとるまでもなく、さっと「立ち会議」ができるようにするための仕掛けである。

メールなどのインターネットの有用性は、距離に比例する。たとえば、海外の取引先と連絡をとるのにメールは有用だが、同じ社内では、その有用性はぐっと下がり、むしろ有害にすらなる。

酒巻はこのように理由を説明したうえで、同一フロアでのメールのやり取りを禁止し、違反した場合は、降格の対象とした。

合理的な理由がある場合は、それを説明してルールを作る。できたルールは有名無実化しないように、きちんと罰則も設けて運用することが大事だ。

酒巻経営改革⑭　ルールを守る

たるんだ会社はルールがあっても有名無実化し、きちんと運用されていない。会社にとって大切なことは、理由を説明した上でルール化し、ルールを作った以上は罰則規定も設けてきちんと運用することで、一本、筋が通った組織に生まれ変わってくる。

自発を促すレポートの効用

人は書くことで育つ――。

酒巻はキヤノンの若手時代に、後にキヤノンの副会長を務めた鈴川溥《ひろし》や、同じく後に社長となった山路敬三に技術者としての指導だけでなく、企業人としてあるべき姿を徹底的に叩き込まれた。

特にレポートの作成を通じて、たんに文章力だけでなく、問題の所在を自ら探し求め、対策を立て、実行し、効果を見極める、という基本的な仕事のサイクルの回し方を一からみっちりと教え込まれた。

酒巻はキヤノン時代に技術者として600件以上の特許取得に携わったが、それは特許申請に必須の「自分が取得したい特許の範囲を簡潔明瞭に記すための文章力」を鈴川や山路に鍛えられていたことが大きい。一般に技術者は文章を苦手とする人が多く、特許申請に苦労するが、酒巻はその苦労をせずにすんだ。

酒巻はその経験から、キヤノン電子でも「レポートの作成」を管理職とのコミュニケーションの手段とするとともに、大事な人材育成のツールとしても活用している。

課長以上は1週間に一度、レポートを提出することになっている。この1週間、何を課題とし、そのために何を行い、結果はどうだったか、今後の課題は何か――ということを簡潔にまとめてもらう。

酒巻は毎週月曜の午前中を利用してすべてのレポートに目を通し、手書きのコメントをつける。しっかり自分の仕事をしている人のレポートは、どんな課題に直面し、それにどう対処しようとしているのか、現状はどうなのか、話が具体的で、数字や事例が添えられていることも多く、言いたいことが理解しやすい。酒巻も助言や支援がしやすくなる。

そういうレポートは、きちんと褒めて、みんなの参考になるように社内の回覧に回す。必要であれば、回覧の順番まで指示する。特に見てほしい人物の名前を付すこともある。

一方、自分の仕事に向き合い切れていない人のレポートは、自分が取り組むべき課題は何なのか、それが曖昧で、何をどうしたいのかよくわからないことが多い。そんなレポートに限って表やグラフなどがふんだんに使われていて、いかにもやっています、と装ったものが目につく。漫然と仕事をやっている証拠で、自分の意見がなく、借りものの、「～のようです」「～と思われます」などの曖昧な言い回しが多いのも特徴だ。

この手のレポートの作者に対しては、「自分の意見はどこにあるのですか」などと赤字で特筆大書する。そうでないと本人の成長がないからだ。

その意味では、管理職の力量を見極め、育てるのにこれほど適した手段はない。どれだけ自発的に自分の仕事に向き合っているかが一発でわかる。このため酒巻は社長就任1年目から管理職にレポートの提出を求めた。それまでキヤノン電子にはレポートを書くという習慣がなかったから、最初のうちは誰もがうまく書けずに悪戦苦闘した。酒巻もそれを容赦なく突き返し、仕事に向き合う姿勢を問うた。

内田敬は目の前でレポートを破られ、夏木亮三は「いったいいままで何をしてきたんだ」と痛罵された。

しかし酒巻のその厳しい叱責があったからこそ、自分は己の仕事と真剣に向き合えるようになったのだと、毎週、酒巻の訪問に胃が痛くなった河原崎信孝は感謝している。

最初はレポートを書くために何かをしなければとそればかり考え、いま自分がやるべきことは何なのか、という発想がなかった。レポートに書かれた手書きの厳しいコメントを見ながら、いったいどうすればいいのか、わからなくなることもあったが、改めてシンプルに自分のやるべき仕事と向き合うようにしたら、霧が晴れるように課題が見えてきた。それがわかれば、あとは対策を考え、実行し、その効果を確認するサイクルを回せばいい。自分の考えが整理できるようになり、やるべきことが明確になったとき、河原崎は初めて自分の成長を実感した。

誰かの優れたレポートは、酒巻の回覧によって他の管理職にあるべき方向性を示唆し、やる気を刺激した。リーダー層がいい意味で切磋琢磨《せっさたくま》するようになると、レポートの質も格段に上がった。それは一人ひとりの管理職が自分の仕事に責任を持って、やるべきことを確実にやるようになった証《あかし》である。管理職の成長は部下も感じていた。酒巻の社長就任当時に入社したある社員は「上司の言動が年々洗練されていくのがわかった」と述べている。

ピカ一運動などで進めてきた意識改革は着実に成果を上げている――。酒巻は、レポートのレベルアップからそれを確信した。

酒巻経営改革⑮　レポートの効用

毎週レポートを書かせることは、仕事に主体的に取り組む意識を育み、自分の仕事について論理的にわかりやすく伝える能力を鍛え、将来の幹部候補を育てる最善の教育方法。

大事なことは繰り返し言い続ける

会社の再建で何より大事なことは、社員のベクトルを合わせて同じ方向に向かって歩けるようにすることだ。それにはベクトルを合わせるためのキーワードが必要になる。キヤノン電子の改革でいえば、それはＴＳ½やピカ一運動やＣｈｉＥ－Ｔｅｃｈなどで、これらを繰り返し継続的に言い続けることが何より大事になる。

たとえば会議においても、強く主張したい大事なことについては、酒巻は少なくとも３回は言及するようにしている。そうすることで大事なことだと印象付けることができる。

関連した話でいえば、酒巻は大事なことについては単に繰り返し言うだけでなく、何かしらイベントなどを用意して刺激を与え続けることも大事だと考えている。

たとえばキヤノン電子にとって永遠のテーマである「ムダの削減」について言えば、それが企業風土として定着したあとも他の企業の見学などを通じて刺激を与え続けている。高収益企業として著名な会社を訪ね、その秘訣《ひけつ》を考えたり、老舗企業の改善事例から参考になるものを見つけ出すといった学びの機会を用意している。

どのような仕組みも、時が経《た》てば古くなり、ムダが出てくる。他社他業種に学ぶことで新たな発見を得ることは珍しくない。

現状維持は悪であり、現状を改めることは常に善である。

転がる石に苔《こけ》は生えない。

TSS½とともに伝えたEQCD

酒巻が「すべてを半分に」のTSS½を掲げたとき、社員の多くは懐疑的で、鼻で笑う者もいた。実際、酒巻を支えた内田敬や夏木亮三も、当初は半信半疑だった。酒巻と志を共にできないと辞めた管理職にはTSS½への反発があった。

しかしムダをなくすための諸施策（ピカ一運動、ChiE‐Tech、間締め、朝の挨拶運動、立ち作業、立ち会議など）を精力的に導入、展開したことで、できるはずがないと鼻で笑う者もいたTSS½は、4年目の2002年には目標を達成し、8年目の2006年には売上高経常利益率（単体）もほぼ15％を達成することができた。

ムダの削減目標は、その後、すべてを¼にする「EFFECT4」（Environment〈資源効率4倍〉、Failure Rate〈不良率低減4倍〉、Factory〈工場効率4倍〉、Energy〈エネルギー効率4倍〉、Creativeness〈開発効率4倍〉、Think Out〈知恵4倍〉）へと移行するが、これも2004年には目標をクリアし、いまも常に見直しをかけ、すべてを半分、¼にするTSS½、¼の取り組みを継続している。

当初、半信半疑だった夏木も、いまでは「ムダをなくせば、それが利益に直結する」というのが、キヤノン電子の事業活動のベースになっていると確信している。それほどまでにムダの削減は、キヤノン電子の企業風土に根を下ろしている。

それに大きく寄与したのは、実は環境経営の考え方だったのではないかと夏木は思っている。かつて企業活動の基本は「QCD」（Quality〈品質〉、Cost〈コスト〉、Delivery〈納期〉）だった。しかし80年代後半、キヤノンは他のメーカーに先駆けて環境経営を推進、QCDに環境のE（Environment）を加えて「EQCD」を打ち出した。EはQCDの大前提であり、環境への配慮を欠いたものづくりはあり得ないという考え方だ。酒巻は環境がすべてに優先するというキヤノンの環境経営推進の責任者だった。

キヤノン時代、環境経営を進めた当初、酒巻はその推進に苦労する。環境への配慮はコストアップにつながるという意識が強く、納入業者などから猛反発を受けたのだ。酒巻はそれに対してこう言って説得した。

環境に配慮するには省エネ・省資源が避けられないが、そのために材料や燃料などの使用を減らすことができれば、その分が利益になるし、何よりその過程でさまざまな創意工夫や技術革新も生まれるはずだ。環境経営は金食い虫どころか、実は宝の山なのだ——。

酒巻はキヤノン電子でTSS½を始めるとき、合わせてEQCDも伝え、環境経営の意義を説いている。合言葉は、「急ごう、さもないと会社も地球も滅びてしまう」——。すべてを半分にするTSS½は、その意義において環境経営の実践そのものであった。材料や燃料などを節約することは、会社の利益に直結するだけでなく、自然環境の保護にもつながる。その事実は、社員の働く意欲にもプラスになった。EQCDは、TSS½のバックボーンの役割を果たしていたと言ってよい。

見落としがちなのが、物流

製造業が環境経営を進めるうえで、省エネの余地が大きく、効果が出やすいのに見落とされがちなのが「物流部門」である。ＱＣＤの改善が優先され、物流部門は後回しにされるのが常だからだ。

酒巻は、物流は「絞ればすぐに効果の出る濡《ぬ》れ雑巾」だとして、大きなムダの削減＝環境経営の推進に期待を寄せた。

当時、マレーシアの生産工場（ＣＥＭ）で作った製品を国内へ運ぶのに使うプラスチック製のトレーは、日本への輸送に使われた後、業者に売却され、ペットボトルなどにリサイクルされていた。しかしこの方法では、マレーシアの生産工場は、日本へ製品を運ぶために常に新しいトレーを用意する必要があった。

そこで売却によるリサイクルではなく、より環境に負荷の少ない、トレーを再利用するリユースができないか検討、見直しをはかることになった。その結果、日本へ来たトレーを安い船便で海外の生産工場へ返送し、新たに開発したエア洗浄などの技術を駆使して再利用することに成功した。削減効果は、年間約１２８６万円にのぼった。

環境を軸に据えたムダの削減に終わりはない。

酒巻経営改革⑯　言い続ける

経営トップは、大事なことについては、事あるごとに、繰り返し繰り返し、社員が飽きるほど伝え続けないといけない。

売上200億円減でも経常利益が伸びた！

酒巻が赴任した1999年の売上高経常利益率は1・5％（単体）。

そこからTSS½を進めて、売上高経常利益率は2000年に3・2％、2001年に4・1％と順調に伸びていった。

これで、社員がTSS½の効果を実感し、改革も軌道に乗るかな、と安心する一方で、酒巻は一つの懸念を抱いていた。

それは、キヤノンが中国に新たに工場を作ることで、キヤノン電子が赤城工場で引き受けていた仕事がなくなるかもしれない、という予測だった。この1～2年、そういった情報が酒巻の耳に入っていたのだ。

「社長、やはり赤城の仕事は中国へ持っていくことに決まったようです」

そう電話をしてきたのは、営業としてキヤノンに出入りしていた野坂孝一だった。

酒巻は急ぎ、内田を呼び寄せて、2002年の売上の予測をさせた。

「売上高は900億円から、200億から300億減ることが予想されます」

「2割から3割のダウンか」

「せっかくここまで、改革が順調に推移していたのに……。社長、ここは、可哀想ですが派遣社員の人に辞めてもらうしかないです」

「いや、会社の都合で派遣切りをしてはいけない。私が社員の仕事を取ってきます」

「どういうことですか？　余剰人員は500人ぐらいにのぼりますよ」

「キヤノンの工場にかけあって、うちの社員を使ってくれるようにお願いする」

酒巻は内田にそう告げると、キヤノンの各工場に、キヤノン電子の社員を一定期間、労働力として引き受けてもらうよう、方々に電話をかけた。幸い、キヤノンで生産本部長を務めた酒巻には、昔の部下で工場の責任者になっている人間が大勢いたので、「社員の給料分だけ確保できればいいから」と頭を下げると、「酒巻さんの頼みなら、喜んでやります」とすべての社員を引き受けてもらえた。

余剰人員を自社で抱えるために、これまで一人でしていた仕事を、二人でするという選択肢もあったが、それをすると、必ず能率が落ちる。これまで、TSS½でようやく社員の動きが速くなってきたのに、元に戻りかねない。それなら余った人員は出稼ぎに出したほうがいい、という判断だった。

結局、派遣社員も一人もやめさせることなく、酒巻は派遣の雇用も社員の雇用も守り抜いた。その後、キヤノン電子は、２００８年のリーマンショックも経て、派遣会社からの派遣は期間満了をもってすべてやめることになった。派遣会社に頼るよりは、社員を継続的にしっかりと鍛えて、生産性を極限まで高めたほうが、あらゆる経済環境の変化に対応できる、より強い企業になれるという経営判断があった。


「２００億円の売上ダウンを補うために、さらにムダを省いて、生産性を上げるように！」

酒巻からこう発破をかけられた夏木や棚橋は、生産現場の改善に、さらに邁進した。

「この危機を乗り越えれば、キヤノン電子は本当に生まれ変われる」

夏木や棚橋は、よくそう話して、苦しい1年を頑張りぬいた。

その結果、２００２年は売上高７２１億円と、前年度より１８４億円も下がったにもかかわらず、経常利益は37億円から33億円と、4億円しか下がらなかった。その結果、売上高経常利益率は、４・６％と前年より０・５％も高くなった（キヤノン電子単体での決算数字）。売上が２００億円近くも減ったのに経常利益率は逆に伸びたのだ。

「世界トップレベルの高収益企業をめざす」

という酒巻の目標が、確信に変わった年となった。

TSS½やピカ一運動などを続けていけば、会社はもっとよくなる——。

ピンチを乗り越え、社員は自信を得た。酒巻の改革は疾走し始め、2008年のリーマンショックも乗り越える。酒巻が水面下で密かに進めていた宇宙への挑戦がいよいよ本格始動するのは、それからまもなくのことだった。

4章　宇宙への挑戦

新事業を起こせない会社は必ず衰退する

会社は新しい事業を起こしていかないと必ずジリ貧になる。それには新規事業を買収するか、新しいものを自社で開発するか、二つに一つしかない。

キヤノンが独自技術のNP（New Process）方式で初の複写機NP-1100を発売したのは1970年秋。それからまもなく酒巻は、上司に呼ばれ、キヤノンの長期計画策定のチーフに指名された。30代になったばかりだった。策定チームのメンバーを前に上司が語った言葉をいまでも酒巻はよく覚えている。

「これからは複写機の時代です。しかし事業としての寿命はせいぜい30年でしょう。その頃には複写機の代わりになるもっと優れた技術の製品が必ず出てくるからです。それを見越していまから手を打っておかないとキヤノンはジリ貧になってしまいます」

新技術で画期的な新製品を開発しても、いずれはそれにとって代わる新しい技術や製品が登場する。一つの事業の寿命は、代替技術が登場するまでの20〜30年で、その先は下降線をたどるしかない。一方で新技術、新製品の開発には10〜20年はかかる。複写機の事業化に成功したばかりだが、製品寿命と開発サイクルを考えたら、20〜30年先を見越していまから動き出さなければならない――。酒巻らはそう教わった。

上司の命を受けた酒巻は、策定チームのメンバーを率いて、コンピュータとその周辺技術の現状分析から未来の姿を予測し、30年後には液晶ディスプレイが複写機の機能にとって代わると結論付け、そのための研究開発に入るべきだと長期計画にまとめた。

それを読んだ上司は、チーフの酒巻を呼ぶと、

「よくまとっています。この通りだ」

と頷《うなず》き、新たに取り組むべき新事業についてこう述べた。

「複写機というのはいわばハードコピーだから、コンピュータの液晶ディスプレイはソフトコピーと名付けましょう。いまからソフトコピーに取り組まないといけません」

それからキヤノンは液晶ディスプレイの研究開発に多額の投資をするなど力を入れ、関連技術の開発なども含めてポスト複写機のための多くの成果につなげている。

主要な研究スタッフの一人だった酒巻は、その経験から企業の生存、発展には新規の事業開発が必須と考え、キヤノン電子の社長に就任した当初から、ムダのない筋肉質の会社へ再生する一方で、新たなメシの種を見つけて育てる必要性も強く感じていた。

御手洗社長の言葉（「潰してもいいよ」）から、これまでのように親会社のキヤノンに頼れないのは明らかだった。いくら体質改善をしても自前の新規事業を育てないと、いずれ会社

はジリ貧になる。いつまでも市場が頭打ちのカメラや複写機に頼っていたのでは技術者も成長できない。彼らの成長がなければ、新しいことにチャレンジするのも難しくなる。

さて、どうするか——。

そう考えたとき思い浮かんだのは、幼い頃から夢に描いていた宇宙への憧れだった。

酒巻経営改革⑰　新規事業
経営者の仕事は、30年先を見据えて、新しい事業の種をまき、育てること。いま現在、稼げている仕事も、いずれは必ず過去の遺産となる。

夢見るも　仕事のうちや　春の雨

江戸時代の女性俳諧師に諸九尼《しょきゅうに》という人がいる。この人の句に、

「夢見るも　仕事のうちや　春の雨」

というのがある。酒巻は、この句をことのほか好み、若い頃から「人間、昼間も夢を見るようでないとダメだ」と心の支えにしてきた。

初めて宇宙に憧れを抱いたのは、小学生のときに読んだ小松崎茂《こまつざきしげる》のSF冒険空想活劇の『地球SOS』だった。大人になっても米国のテレビドラマ「宇宙大作戦（「スタートレック」シリーズの最初のテレビドラマ）」などを見て宇宙への憧れを持ち続けた。

キヤノンに入社した2年後の1969年7月、米国のアポロ11号が月面に着陸するのをテレビで見て、宇宙への思いが募り、ある日、上司に提案した。

「宇宙事業をやりましょう」

上司は、眉間にしわを寄せ、一つ大きく鼻から息を吐くと、

「バカか、お前は！」

と一喝、それきりになった。

具体的な展望も何もない、思い付きの提案で、上司が呆《あき》れたのも無理はなかった。

以来、会社で宇宙事業を口にすることはなかったが、「いつか宇宙を」という思いはいつも心の片隅にあり、関連情報は常に気にかけ、国内はもとより海外のそれも追うようにしていた。宇宙事業をやるとき役に立つと思い、通信や反射望遠鏡の研究などもやった。

だからキヤノン電子の社長になり、新規事業を育てないといずれ会社は衰退すると考えたとき、「やるなら宇宙だな」とすぐに酒巻は思った。キヤノンにいた当時から人工衛星にしろロケットにしろ、ある程度の事業イメージはもっていた。

ただし宇宙はまだ市場規模が大きくないので、そもそもキヤノンのような売上が何兆円もある大会社が手がけるのは難しい。酒巻が上司に一喝された後、社内で宇宙事業に触れなくなったのもそれが大きな理由の一つだった。その点、キヤノン電子は売上1000億円規模だから新規事業で挑戦するにはちょうどいい。それに子会社が新規事業をやる場合、親会社と競合する分野はまずいが、宇宙ならその心配もない。独立性が保てる。何より、どうせ左遷だ、新規に何かやるなら、やりたいことを好きなようにやらせてもらう、そんな思いもあった。

だが当時のキヤノン電子は実質赤字で、とても新しい事業を始める余裕はない。ためしに宇宙事業へ進出するにはどれくらいかかるか試算してみたら、ざっと200億～300億円かかることがわかった。新規事業には親離れの意味合いもあるから、キヤノン本社には頼れないし、もとより頼るつもりもない。となれば、自分たちで稼いだお金でやるしかない。それにはキヤノン電子を利益の出せる会社に再生し、そのための資金を作る必要がある。

酒巻は会社再建のために「世界トップレベルの高収益企業になる。そのためにすべてを半分にする」という道筋を掲げ、徹底したムダの排除と利益の掘り起こしを行ったが、実はそこには「経営に余裕ができたら宇宙事業に挑戦したい。宇宙事業に投資するだけの内部留保を確保できる会社にしよう」という壮大な夢が埋め込まれていたのである。

酒巻はしかし、それを一人胸のうちにとどめ、周囲に語ることはなかった。社員がその夢の存在を知るのは酒巻が社長に就任してから10年後の２００９年のことである。

背中を押した1冊の本

「この本は面白いぞ。ぜひ読んだほうがいい」

キヤノン電子の社長に就任して4年目の２００２年秋、酒巻のもとにアップルにいた米国の友人から1冊の英語の本が届いた。宇宙地政学の第一人者、エヴェレット・カール・ドールマンの書いた『Astropolitik; Classical Geopolitics in the Space Age（アストロポリティーク――宇宙時代の古典地政学）』という本だった。

酒巻は社内では一切宇宙について語らなかったが、知遇を得た海外の技術者などには宇宙への憧れを語っていた。本を送ってくれたのもそんな友人の一人だった。

酒巻は早速その本を手にとった。世界の覇権は、古来、陸を制したものから海を制したもの、空を制したものへと移ってきたが、次は宇宙を制したものが握る、とあった。

それを読んで酒巻は、これからは宇宙だ、チャンスが来た、と直観した。と同時に、このまま手をこまねいていれば、欧米中露、さらにはインドなどにも押され、日本はこの覇権争いから脱落してしまう。だが、いまならまだ間に合うし、勝つ見込みもある。宇宙は日本のものづくりが挑戦すべき新たなフロンティアだ。自分を育ててくれた日本の産業界に恩返しするためにも日本の民間宇宙産業の礎になりたい——。そんな思いに駆られた。

米国の友人が送ってくれた1冊の本は、酒巻の背中を強く押した。

折しも2002年は、仕事が一気に3割も減り、売上が200億円も消えたにもかかわらず、4・6%の経常利益率を出すなどキヤノン電子の立て直しに目途が立った年だった。

そろそろ始めてもいい頃合いかな——。

酒巻の宇宙への挑戦がいよいよ動き出した。

宇宙事業を見据えた布石

自分たちで人工衛星を作り、それを自前の射場(打ち上げ施設)から自前の小型ロケットで宇宙へ打ち上げ、衛星画像などのデータを販売する——。

酒巻が一人胸のうちに温めていた宇宙事業のイメージは、一気通貫の「丸ごと宇宙ビジネス」で、この頃までにほぼ全体像が固まっていた。人工衛星だけ作っても儲《もう》からない。下請けで終わってしまう。やるなら射場もロケットも作って、一から十まで丸ごと全部手がける。

コンポーネント（部品）も内製する。画像などのデータを売るだけでなく、部品も売る。そうでないと民間宇宙ビジネスの勝者にはなれない。そう考えたからだ。

民間の宇宙ビジネスは欧米が先行するが、専用部品の開発、製造には時間がかかるため、実績のある検証済みの旧世代品に依存しており——最新の民生品は「宇宙での信頼性が担保されていない」との理由から使われていなかった——、技術的には完全に時代遅れだった。しかも特注品でべらぼうに高かった。

小型化とそれにともなうコストダウンは、ものづくりの宿命であり、その波は必ず宇宙事業にもやってくる。先の『アストロポリティーク』が示すように宇宙の覇権を争う時代には、その成否こそが勝敗のカギを握る。

その点、キヤノン電子は「すべてを半分に」で徹底的にコストダウンの力を鍛えあげていたし、もともと複写機などの箱物が得意で、人工衛星のような限られたスペースに必要な精密部品などを効率よく組み込むのはお手のものだった。

キヤノン電子なら実績のある従来品と同等の製品をはるかに安く作れる——。

酒巻はそう確信していた。

だが、のちに酒巻が宇宙事業への参入を公にすると、

「カメラや複写機を作ってきた会社に宇宙事業ができるのか」

といぶかる声が、キヤノンの本社やグループ内からも聞こえた。

「そもそも我々キヤノンに宇宙の技術なんてあるのか」

酒巻に面と向かってそう言う者もいた。そんなとき酒巻は決まってこう尋ねた。

「キヤノングループにどれだけの技術があるのか知っていますか」

誰一人まともに答えられる者はいなかった。

キヤノングループには光学、精密、通信系などさまざまな技術を持つ30以上の会社がある。キヤノンの生産本部長を務めた酒巻は、どの会社がどんな技術を持っているか誰よりも精通していた。一つひとつの技術は、直接宇宙とは関係なくとも、最適な形で組み合わせるなら、最高レベルの宇宙関連技術に昇華できる。それに気づいていた。

たとえば茨城県には超精密の金型技術を持つグループ企業があるが、キヤノン電子が本格的に宇宙事業に参入すると、酒巻はその会社に人工衛星の部品を作る金型を発注している。グループ全体のリソースを活用できるのは宇宙事業を進める上で大きな強みだった。

ただし言うまでもないことだが、すぐに宇宙事業に参入できたわけではない。課題も多かった。なかでも難題だったのは「一品もの」に対応するための技術と人材の確保だった。キヤノン電子がそれまで手がけてきたのはいわゆる量産品だが、宇宙事業は特注の一品ものであり、作り方がまったく違う。このため当時のキヤノン電子には一品ものの機構やシーケンス制御（電気による自動制御）を考えられる人材もいなかった。

そこで酒巻は、まずは日産1台～数台の中量生産品を作る技術を養い、それから製造にかかる時間を短縮することで、一品ものも低コストで作れるようにする――、という技術と人材の育成プランを立てた。そして、そのために二つの新規事業を立ち上げた。

一つは２００２年に始めた小型成形機。工場のインライン化（組み立てその他の作業を一つのラインで行うこと）が進むと、現場で部品などを成形するのに必要になる。ラインに合わせた特注品に近く、高度な機構技術が要求される。もう一つは翌２００３年に始めた三次元加工機。これで加工するのは一品ものの金型などが多く、高い加工精度が求められる。

ともに一品ものの技術や人材を育成するにはもってこいで、酒巻は社内の優秀な技術者を選んでそれらの開発に当てた。設計図面の書き方などは自ら指導した。二つの新規事業は、宇宙事業参入のための布石であり、当初から10年後を見据えていた。

酒巻はその後も業務用生ごみ処理機や歯科用小型三次元加工機など新規の事業を次々に立ち上げるが、新たなメシの種を求めると同時に宇宙事業を見据えた一品ものの訓練を兼ねていたものも多かった。

それらの事業に投入された技術者が、いまでは宇宙関連の部品や材料などの開発を担い、開発部門の中核メンバーになっている。

酒巻の真意に、だいぶ経ってから気づく

ただし人材育成にはお金も時間もかかるから、育てるより買ったほうが効率がよいなら、当然、そうすべきだ。酒巻も宇宙事業を見据えてソフトウェア会社を買収し、売上60億円ほどの会社に育てている。キヤノン時代に1000人規模のソフトウェア部隊を組織した経験から、ソフトウェア部門の必要性は熟知していたが、開発人材を自社で育てる費用と時間を考えたら、将来性のあるソフトウェア会社を買収した方がずっと効率がよいと判断した結果である。

いずれにしろ新規事業に投入された人材は、それらが宇宙事業を見据えたものだと説明を受けることはなかった。このため彼らは、宇宙事業がスタートしたあとになって、あれはそういうことだったのか、と酒巻の意図に初めて気づくことになる。

たとえば、美里工場モーター事業部長の高井修は、あるとき酒巻からマグネットが内側で回転するインナーロータータイプのモーターの開発を命じられた。美里で作るのはマグネットが外側で回転するアウターロータータイプのモーターだったから、新しく製品化でもするのだろうかと思いながら、指示された通りの試作品を作った。

それを見た酒巻は、まあ、こんなものだろうと納得したふうだったが、それきり製品化の話もなく、高井はいつしかそのモーターのことも忘れてしまった。

試作から5年後。宇宙事業が始まってまもなく、高井はロケットの制御に使うモーターの製作を酒巻から命じられて驚いた。インナーロータータイプのモーターだったのだ。

「社長、これはインナーですよね」

「そうだよ」

「ひょっとしてあのときの試作はこれを作るための下準備だったんですか」

「そう。あとでどうせ必要になると思ったからね」

呆気《あっけ》にとられる高井を見ながら、酒巻はこともなげにそう言うと、

「やっとわかったの？」

と楽しそうに笑った。

一球入魂の「勝つための仕組み」

一品ものは量産品と違って、一度注文を受けて納品すると、次の注文まで間があく。人工衛星やロケットは年に何度も打ち上げるものではない。そうなると人間の技量を維持するの

が難しくなり、必ず不良が増える。

しかも一品ものは、量産品と違って試作が何度もできない。量産品なら10台、20台と試作をしても十分にコストに見合うが、一品ものはそうはいかない。人工衛星やロケットを10台も20台も試作したら、到底コストが合わなくなる。だから一品ものは1台の試作を失敗しないように一球入魂で作ることになる。

酒巻はキヤノン時代にＶＴＲなど特注の放送機器を放送局に納入していた経験から、一品ものを作る際に何が重要になるのか、よくわかっていた。ポイントは、一品ものの注文の間があいても不良を出さない「勝つための仕組み」づくりで、そのためのキーワードが前述の「生産技術の強化」と「直行率１００％」だった。

検査工程その他の生産技術を徹底的に強化することで不良をなくし、量産ラインで直行率１００％の生産体制を確立しておけばムダがなくなり利益に直結することはもちろん、宇宙事業への参入を決断したとき、すぐに習熟したスタッフを集めて一球入魂の「勝つための仕組み」を立ち上げることができる。一品ものでも不良を出さずに一度の試作で良品が作れる。

酒巻はそう考えた。

そして宇宙事業のことは伏せたまま、キヤノン電子はなぜ生産技術を強化し、直行率１００％をめざさないといけないのか、その理由（ムダの削減と利益の掘り起こし）を繰り返し何度も社員に説いた。特に課長級以上には口が酸っぱくなるほど言い続けた。

それは宇宙事業に参入したあとも変わることはなかった。たとえばこんなことがあった。

あるときキヤノン本社に納入した製品に不良が出た。すぐに作業工程と検査体制の見直しが行われたが、問題の解消には1年を要した。生産技術を強化して直行率100％をめざすキヤノン電子にとっては大問題で、当時、その製品の担当者だった河原崎信孝の携帯には、毎週2回、朝6時半に酒巻から電話があった。

「いま、どこにいるの？」

「会社にいます」

「何をやってるんですか？」

「例の問題に取り組んでいます」

「そうですか。しっかり頼みます」

それだけの会話が早朝、週2回、電話を介して繰り返された。

大変なプレッシャーで、河原崎は心を病みそうになったが、周囲の協力を得ながら、それを乗り越え、なんとか不良問題を解決した。

酒巻は、河原崎が早朝出社し、懸命に問題解決に取り組んでいるのを知っていた。河原崎が酒巻からの電話にプレッシャーを感じたのはある意味当然だが、一方で酒巻は進捗状況を確認するだけでなく、河原崎が心身の限界を超えてまで仕事に入りこまないか気にかけてもいた。酒巻はキヤノン時代に過労による悲劇をいくつか見聞きしていた。電話の様子によっては「無理をするな」とストップをかけるつもりでいた。

いまやキヤノン電子の全工場の直行率は、酒巻の継続的な意識付けとそれに応えた社員の頑張りで平均99・8%に達している。ほぼ100%に近い。

宇宙事業への参入も見据えた生産体制の強化は、不良率の激減にともなう生産コストの大幅な低下を実現し、いまでは強いコスト競争力を持つに至っている。宇宙事業を見据えた一球入魂の「勝つための仕組み」がもたらした嬉しい副産物だ。

宇宙へ！

酒巻は、宇宙事業を見据えて一品ものの技術や人材の育成をはかっていることを一切社内には伏せていた。月に一度、課長級以上が集まる幹部会の席でも宇宙について語ることはなかった。初めて社内に公表したのは2009年春のことである。

生産技術の強化で直行率が大きく改善し、一品ものの技術と人材の育成に目途が立ったのが一番の理由だが、実はもう一つ、宇宙事業の始動へと酒巻を突き動かした大きな要因があった。前年に始まったリーマンショックの衝撃である。

２００９年の年頭の挨拶で酒巻はこう述べた。

「昨年は、米国型の金融工学が破綻したことで、米国を頂点とする世界的経済システムが崩壊しました。世界経済はかつて経験したことのない不況に突入しています。日本も無事ではすまされません。昨年後半から大不況に見舞われています。あの世界のトヨタ自動車でさえも赤字に転落しました。今年の日本の景気は非常に混迷を深めています。キヤノン電子も昨年末から米国、欧州とほとんど物が動かなくなりました。このような状況はかつて経験したことがありません。いままでにない試練の年であると、全員が肝に銘じていただきたいと思います。昨年までは、万が一、ヒト・モノ・カネで困ったことが生じても、いざとなればキヤノンが援助してくれるだけの余裕がありました。しかしいまは本社もグループ会社もキヤノン電子を支援するようなゆとりはありません。いまこそ我々は真に自主独立をしないといけないのです」

酒巻は米国発の大不況に危機感を持つよう社員に強く訴えた。もっとも企業体質は大きく改善されていたから、十分耐え切る自信はあった。事実、キヤノン電子は、全社一丸となってリーマンショックを乗り越えることに成功している。

しかし就任以来、いつまでもキヤノン本社には頼れないと考え、密《ひそ》かに宇宙事業を準備してきた酒巻は、未曽有の危機に直面しているいまだからこそ、宇宙への挑戦を社内に公表し、社員の士気を鼓舞して自主独立の道を切り開く起爆剤にしようと考えたのである。

酒巻は「宇宙へ！」を合言葉に掲げると、それを可視化してキヤノン電子の新たな挑戦のシンボルにするため、実物大のロケットの模型（モックアップ）を作り、秩父の本社工場に設置した。酒巻から作製を命じられたのは、生産技術の改善などに力を発揮していた製造課長の棚橋寿雄で、それが初めての宇宙の仕事になった。

ある日、酒巻に呼ばれた棚橋は、

「宇宙ロケットのモックアップを作ってください」

と突然言われた。思わず、

「宇宙に飛ばす、あのロケットの模型ですか」

と聞き返した。

「そう、宇宙ロケット」

酒巻はそう言いながら、サイズなどの書かれた簡単な図面を1枚手渡した。数字を見て仰天した。直径約1ｍ、全長約16ｍ。当時、棚橋はカメラのシャッターなどを作っていた。あまりにサイズ感が違いすぎて、めまいがしそうだった。

製作にとりかかった棚橋が最初にしたのは、ネットで宇宙ロケットの画像を集めて、ロケットの実物を可能な限りリアルにイメージすることだった。それから模型の素材などの下調べを始め、最終的には塩化ビニール樹脂で巨大な円筒状の本体を作製し、塗装を施した。

巨大な模型が社員にお披露目されると、驚きの喚声が上がった。

「ロケットだよ！」

「でかいな！」

「ほんとにうちの会社であれを作るのか!?」

「すげーな、おい！」

社員たちは、みな一様に、宇宙をめざすと決めたキヤノン電子の近い将来に思いを馳《は》せ、こみ上げる興奮や感動、誇らしさなどが入り混じった感情に胸を熱くしていた。

それを見て棚橋は、社長の狙いはこれだったんだな、と思った。

本社幹部からの申し入れ

社内に宇宙事業への参入を公表する少し前に、酒巻はキヤノン本社の了解を取り付けている。ただしその過程でひと悶着《もんちゃく》あった。幹部の一人から横やりが入ったのだ。

ある日、酒巻は御手洗会長を訪ねて、

「今度、キヤノン電子で宇宙事業を始めようと思います。本社やグループ会社が持っている優秀な技術も借りることになると思いますのでよろしくお願いします」

と事業の概要を説明し、了解を求めた。御手洗会長は、

「私はいいんだけど、一応、彼にも話してみてくれないか」

と当時キヤノンの研究開発部門の総責任者だった人物の名前をあげた。

酒巻は、その責任者に会い、事業の概要を説明した。

話を聞き終えた責任者はこう言った。

「いやはや驚いたねえ、一気通貫で丸ごと宇宙ですか。しかしねえ、事業性はどうなの？あるの？　とてもあるようには思えないんだけどねえ」

内心、（自信はない、夜も眠れないぐらいですよ）と思いながら、それでも酒巻は冷静に、

「私はキヤノンにいたときから開発者として事業性を考えずに仕事をしたことはありません。ご懸念はごもっともですが、十分、勝算のある事業だと考えています」

と答えた。

「私は宇宙関係で有名な坂田俊文先生と親しくさせてもらっていて、よく宇宙事業の話も聞くんですよ。あなたの言うような生易しい世界ではありませんよ、宇宙というのは。なんなら紹介しましょうか。どれだけ大変かよく教えてもらうといい」

酒巻は、坂田先生と聞いて「ん？」と思った。坂田は人工衛星による地球観測などの画像処理工学における日本の第一人者である。酒巻は学生時代に、坂田が勤めていた東京大学生産技術研究所に出入りして教えを乞うて以来、50年以上の付き合いで、親しくさせてもらっていた。そうだ、坂田先生に報告するのを忘れていた。

「実は私も坂田先生とは昔から懇意にさせてもらってまして。そうですか、先生をよくご存じなんですか。でしたら今度いっしょに先生を交えて食事をしながら話していただけませんか」

と話を振って終わりにした。

「ご多忙の中、いろいろありがとうございました。ご忠告は有り難く頂戴しますが、それでも私は宇宙事業をやらせていただきます。どうしてもやめろと言うなら、キヤノンとして正式にその旨申し渡してください。そうしたらキヤノン電子の社長もすぐに退きます」

その日、面談を終えた酒巻は、すぐに坂田先生に電話をかけた。

後日改めて御手洗会長に会うと、

「自由にやっていいが、やる限りはしっかり成功させてくれ。応援する」

とキヤノングループをあげた全面的バックアップを約束してくれた。進退にまで言及した酒巻の覚悟を見て、研究開発の総責任者もあえて反対の進言はしなかったのだろう。武士の情けということをありがたく思った。

宇宙事業に魅かれて優秀な人材が集まる

酒巻は2002年以降、一品ものの訓練を通じて宇宙事業に参入するための技術と人材の育成に努めてきた。2009年に宇宙事業への挑戦を社内に公表してからは、社内人材を使ってロケット燃料の研究を始めるなど本格的な基礎研究にも着手した。

しかし言うまでもなく、キヤノン電子には人工衛星やロケットを製造した経験はなく、そのための技術も人材もなかった。そこで酒巻は専門人材を外部に求めることにした。

最初に酒巻がスカウトしたのは、ジャイロスコープ（姿勢制御装置）設計の第一人者の川瀬明直。2012年8月のことだ。財閥系の大手電機メーカー出身で、知人を通じて以前から交流があった。声をかけた当時は、JAXA（宇宙航空研究開発機構：Japan Aerospace Exploration Agency）の研究員を経て、超小型衛星を開発する「ほどよしプロジェクト」の一員として東大から研究委託を受けたNESTRA（次世代宇宙システム技術研究組合）に所属していた。東大側の責任者は超小型衛星の第一人者の中須賀真一教授。酒巻は中須賀先生とも人を介して面識があった。酒巻はこう言って川瀬を口説いた。

「宇宙事業に参入します。人工衛星を飛ばします。ロケットも打ち上げます。責任者でお迎えしたい。そのために博多《はかた》に研究所を作ることにしました。川瀬さんが博多に来るのを待っています」

酒巻が博多に宇宙技術研究所を開設したのは2012年11月。川瀬は以後、その豊富な経験と知識で本格的にキヤノン電子の宇宙事業を牽引《けんいん》することになる。

酒巻が次に声をかけたのは後藤昌隆である。東大の中須賀教授に「人工衛星ができる誰かいい人はいませんか」とお願いにあがったところ、それならと紹介してくれたのが後藤だった。もともと東大の中須賀研究室にいた研究者で、当時は1年契約の非正規雇用で地方の国立大学の准教授をしていた。そんなとき酒巻から声がかかった。

民間企業が宇宙に挑戦するということにまず驚いた。研究開発に使える予算が大学とは一桁違うことにも仰天した。自分のやりたいことができる環境がありそうだし、何より民間企業で小型衛星をやるのは心躍る新しい経験になると思った。入社を決断したのは2012年暮れ、正式に社員になったのは翌2013年の春のことだ。

川瀬、後藤の人脈から次に加わったのは、国立天文台にいた三輪匡仁だ。東大の中須賀研究室とは赤外線望遠鏡などいくつか共同プロジェクトの経験があり、その関係で川瀬と後藤のことは以前から知っていた。二人から酒巻が専門人材を探していると聞き、紹介された。

酒巻の語る「衛星の大量生産、マスプロダクション」というキーワードに衝撃を受け、ぜひ自分の目で見てみたいと思った。入社したのは2014年だ。

川瀬のルートでは2018年に粕谷昭雄が入社している。川瀬の会社時代の後輩で安全保障関係の制御機器の専門家である。キヤノン電子が宇宙事業をやっていると初めて川瀬から聞いたときは、ひどく驚いた。親会社のキヤノンではなく、子会社のキヤノン電子にそんなことができるのか、正直そう思った。

しかし一方で、日本の宇宙ビジネスは、変わりばえのしない既存のプレイヤーたちがさほど大きくもないパイを分け合い、新規参入を阻んでいる。このままでいいはずがない。それは誰もがわかっている。でも誰も変えようとしてこなかった。キヤノン電子の挑戦は、そんな「宇宙村」に一撃を加える強烈な刺激剤になる。面白いと思った。

何より人集めからして川瀬さんや中須賀さんのような大物がからんでいる。それを知って、酒巻社長は本気なんだな、と思い、粕谷は入社を決めた。

酒巻は古巣のキヤノン本社からも人材を確保している。たとえば満田亨や園部太一郎などがそうだ。満田は、2013年早春にキヤノンを定年になると何もしないでぶらぶらしていた。そこへ酒巻の部下だった人間から「キヤノン電子が宇宙事業をやるので光学屋を求めている」と話があり、酒巻と会うことになった。満田にとって酒巻は大先輩。キヤノンには部下だった人がゴロゴロしていた。「光学の面倒を見てほしい」と言われた満田は、「一度持ち帰って」とはとても言えず、その場で入社を承諾した。

園部太一郎は酒巻が声をかけた一番の古株だ。材料研究のスペシャリストで、酒巻が液晶の研究開発をしていたときの部下だった。のちに仕事で失敗し、不遇をかこっていたときに酒巻に声をかけられ、2002年に入社している。最初は出向だった。一品ものの訓練を始めた年で、宇宙を見越した採用だった。

その園部のルートでキヤノン電子に入った専門人材もいる。2014年にJAXAから移ってきた宮里浩三がそうだ。固体燃料の専門家で、JAXAの研究室にいたとき、園部から「キヤノン電子で小型ロケットを作る。来ないか」と誘われ、それまでの研究が生かせると思い、快諾した。キヤノン電子は「資本力のあるベンチャーみたいな存在」。そこにたまらない魅力を感じた。インドのロケット研究所からも話があったが、研究環境なども考え、キヤノン電子を選んだ。

キヤノン電子に集うことになった彼らが、初めてキヤノン電子の宇宙事業参入を聞いたときの印象は、ほぼ共通している。すなわち、「キヤノンの子会社のキヤノン電子が、ほんとうにロケットや人工衛星を作って宇宙に打ち上げられるのか？」だ。

しかし酒巻の描く宇宙事業のビジョンと情熱、長い時間をかけて周到に練られたプランや組織づくりなどを知ると、その印象は一変する。俄然《がぜん》、その挑戦に自分もかけてみたくなる。酒巻が幼い頃から夢見た宇宙への憧れに、技術者たちの本能が共鳴するのだ。

キヤノン電子は、彼らに高額な報酬を提示してスカウトしたわけではない。会社の給与規定に従った報酬しか支給していない。それでも彼らが前職をなげうってキヤノン電子へ転じたのは、酒巻の掲げた宇宙への夢が、人生を変えるほどに魅力的だったからだ。

「燃えるテーマ」を掲げるのはリーダーの一番の仕事である。それさえできれば、優秀な人材はどんどん集まってくるし、あとは放っておいても勝手に自分で成長していく。仕事が面白くて仕方がないからだ。夢中になれる仕事は人を成長させるのだ。

酒巻経営改革⑱　人材を集める

経営者が魅力ある目標を掲げれば、自然と優秀な人材が集まり、熱い集団ができあがる。どうせ新しい仕事をするなら、ワクワクするような夢のある目標を掲げるべし。

壁を消した人員配置の妙

酒巻が外部から宇宙の専門人材を招いたのは、キヤノン電子にない技術と人材をカバーするためであったが、実はもう一つ、会社は宇宙事業にかけている、本気で新しいメシの種に育てようとしている、という覚悟を社員に示す意図もあった。

酒巻が社内に宇宙事業を公表したとき、社員の間からは「人工衛星？ロケット？そんなことがうちの会社にできるのか？」と疑問視する声が少なからず出た。会社再建を当初から支えた夏木亮三や内田敬らの生え抜きの幹部たちでさえ懐疑的だった。

だからこそ酒巻は、宇宙畑で実績のある人材を次々に招いたり、巨大なロケットのモックアップを作って、会社の本気度を目に見える形で社員に示す必要があった。

それにしても、それまでカメラや複写機などの精密機器を手がけてきたキヤノン電子の社員にとって、人工衛星やロケットはいかにも畑が違いすぎる。もともと宇宙は国策事業のイメージが強い。特殊な分野の専門人材の入社に違和感を抱いた社員は少なくなかった。実際、外部から来た研究者のなかには一匹狼的に働いてきて、組織に慣れていない者もいた。

「当初、宇宙畑の人が入ってきたときは、正直、ぼくらとは壁があった」

キヤノンから来た満田亨のもとで人工衛星に載せる望遠鏡の開発にたずさわった津山智はそう感じた。それは、当時、社員の間にあった声を少なからず代表していた。

もっとも酒巻にしてみれば、そうした壁の存在は端《はな》から想定していたことで、宇宙事業のプロジェクトチームの編成に際しては、外部から迎えた専門人材と社内の人材がうまく機能し、存分に力を発揮できるように、誰と誰を組み合わせ、誰の下に誰を置けばいいか、技量だけでなく性格なども含めて社内のベテランと若手を適材適所に配置した。

酒巻はキヤノン時代に社内にいる各分野のスペシャリストをリスト化し、自分が何かのプロジェクトを任されたときは、必要な人材を素早くピックアップして強力なチームを編成するのを得意とした。もともとプロデューサー気質で、宇宙事業の本格始動に当たっても社内外の人材を自ら人選、うまく組み合わせて、プロジェクトの力を最大限引き出した。

美里工場の生産技術部門のトップで、人工衛星の部品設計を担当した加藤宗利は、それを目の当たりにした一人だ。

「経験のある者は若手のモチベーションを上げるため陰に回れ――。社長はいつもそう言っている。気配り、目配りのある人員配置は、それは見事で、憎らしいほどうまい。私を部品設計のチームに異動させたのも、外部から迎えた学者さんは理屈先行になりがちだから、量産のベテランを入れることで、バランスを取ろうとしたのだと思う」

酒巻の人員配置の妙で、宇宙畑から来た人材との壁は、まもなく解消された。それどころか、社内から人選されたスタッフ、特に若手の社員は、「自分たちは宇宙の素人。外部から来た専門のすごい人たちに指導を仰いで、どんどん力をつけなければ」と積極的に教えを乞うようになった。コミュニケーションが密になり、若手からも活発に意見が出るようになった。そこにはプロジェクトチームの幹部に対する「若い人の意見は聞きなさい」という酒巻の指導もあった。酒巻はキヤノン電子で「課長は部下の提案を拒否できない」と明文化している。その考え方を外部から来た人材にも強く求めたのだ。

外部人材と社内人材の融合がはかられたことで、プロジェクトチームの風通しは俄然よくなった。外部から来た宇宙畑の人の多くは、年齢的に大ベテランだが、宇宙という未経験の分野に必死で食らいつき格闘している若手と一緒に働くことで、久しく忘れていた仕事をする喜びを思い出し、若返ったという人が少なくない。

先に述べた、安全保障関係の制御機器の専門家として60歳を過ぎてキヤノン電子に入社した粕谷昭雄は、熱意にあふれる若い技術者と働くうちに、

「彼らに開発者魂を伝えていきたい」

と強く思うようになった。それこそが、夢のある働き場所を用意してくれた酒巻への恩返しになると思っているのだ。

酒巻経営改革⑲　ベテランと若手の融合

ベテランと若手、新規獲得人材と社内人材をうまく組み合わせてチームを作ることが社長の大事な仕事。そのために社長は誰よりも技術について勉強していないといけないし、技術者のレベルや性格、癖についても、熟知していないといけない。

官需に胡坐をかく宇宙村の企業

日本の宇宙産業は、官需で成り立っている。普通の民生品のような競争はなく、市場は国内のみ。外国企業との熾烈《しれつ》な価格競争など及びもつかない。だから官需のプレイヤーはいつも同じ顔触れで宇宙村（オールドスペース）を形成、官需に胡坐《あぐら》をかいている。

オールドスペースの住人たちは、徹底的にチャレンジを嫌う。たとえば、特注品より民生品のほうが安く、信頼性も十分に担保できるとしても、もしそれを採用して失敗すれば、なぜ民生品を使ったのかと、厳しく説明責任を問われることになる。官需でやる限りは、挑戦して失敗するくらいなら、何もしないで失敗しないほうがいいのだ。

その結果、どうなったかと言うと、民生品では理解不能な常軌を逸した「宇宙価格」が形成された。かつてオールドスペースの住人だった粕谷昭雄は、その実態を熟知している。

「防衛機器は民生品の10倍の価格で、宇宙機器はさらにその10倍。つまり民生品の100倍かかる。なぜそんなに高いのかと聞かれたら、その説明のために膨大な資料を用意することは厭《いと》わないが、けっして民生品並みの100分の1のコストにしようとはしない。失敗すれば、責任を問われるからだ。そんなリスクを背負うくらいなら、これまで使われたものを使ったほうがいい。官需だから、値引きの要請もない。だからひたすら古い技術を大事に大事に使う。当然性能はあまりよくない」

酒巻が、宇宙事業への参入を考えた理由の一つが、この宇宙価格の存在だった。しかもこのバカ高い製品を作るのに、民生品の10～20倍も時間がかかっていた。ものによっては納期に1～3年もかかる。「すべてを半分に」を合言葉にコストも時間も徹底的に削減してきた酒巻にしてみたら、到底あり得ないことで、まさに「宇宙時間」だった。

酒巻は呆れかえると同時に、このままでは宇宙の覇権を争うこれからの時代に日本は完全に取り残されてしまう、日本の航空宇宙産業そのものが潰れてしまうのではないか、と強い危機感を抱いた。そして思った。宇宙村の住人は失敗ができない。だから、たとえ危機意識があっても自ら改めることはしない。だったら、外からぶち壊すしかない、と。

それはキヤノン電子の未来のためのチャレンジであると同時に、閉塞状況にある日本の産業界を刺激するために突き付けた、ある意味檄文《げきぶん》でもあった。

永田町と霞が関を動かせ

2014年、酒巻は当時の宇宙担当大臣（「内閣府特命担当大臣〈宇宙政策担当〉」）に面会し、宇宙事業の民生化を促進すべきと進言した。

「日本の人工衛星やロケットは値段が高いと言われますが、ビジネスのやり方をがらりと変えれば、すぐに10分の1に下げられます。そうすれば宇宙の市場が活性化して大きくなります。でも、いまのままでは世界との競争に勝てません。負けてしまいます」

日本の人工衛星やロケットの値段が高いのは、一つは過剰品質、もう一つは古くて高くて性能が悪い部品を過去の実績だけを理由に使い続けているからだ。

たとえば、昔のパソコンに使われていたCPUよりいまの自動車に使われているCPUのほうがはるかに性能がいいに決まっているのに、いまでは手に入らない昔のCPUを、いままでずっとこれで宇宙へ飛ばしてきたので安心だから、という理由だけで、わざわざ特注で作って使っているのだ。

しかし考えてもみてほしい。いまの自動車用のCPUは耐久性などの検証が厳しくなされている。それでいて価格は量産品だから1個100円程度だ。ところが昔のパソコンのCPUはいまでは量産されておらず、特注で手に入れるしかないから、実に1個100万円もする。だから日本の人工衛星もロケットもバカ高いシロモノになるのだ。

このばかばかしい状況を改めるには、過去の実績で高価な特注品を使うのではなく、実証主義で信頼を担保して安価な量産品を使えるようにすればいい。そうすれば、価格は10分の1くらいになるし、開発スピードも5~10倍にできる。世界とも十分戦える。それは、酒巻が描いたキヤノン電子が宇宙事業で勝者になるための戦略そのものであった。

こんなとき大事になるのは、己の夢と情熱をいかに伝え、共感してもらうかだ。相手は多くの場合、それぞれの分野の成功者だ。自分も若いときに大望を抱き挑戦し、いまの地位を築いた、あるいは別の道に進み、成功した人たちである。彼らは夢と情熱を持つ者にかつての自分を重ねる。周囲の無理解に憤慨しながら、それでも諦めずに夢を追い続けた日々を思い起こしたり、いまも胸の奥に残る夢のかけらに心を揺さぶられる。だから、夢と情熱が伝播したとき、「この人を応援しよう」と思う。成功者ほど熱い話に動かされるのだ。

2016年、民間の宇宙事業を規定した「人工衛星等の打上げ及び人工衛星の管理に関する法律」(通称「宇宙活動法」)と「衛星リモートセンシング記録の適正な取扱いの確保に関する法律」（通称「衛星リモセン法」）が制定された。前者はロケットや人工衛星の打ち上げに関する許可制度と打ち上げ事故にともなう賠償の指針を定めたもの。後者は人工衛星の運用で得られたデータの取り扱いに関する法律である。

それまで国は、宇宙は国家プロジェクトであり、民間がやるものではない、という前提でいたから、民間が宇宙事業を行うための法整備をしてこなかった。それを国が修正したのは、時代の変化に対応すべきという民間からの継続的な働きかけがあったからだ。この法整備がなければ、民間企業による宇宙への挑戦は実質的に不可能だった。

永田町や霞が関を動かし、民間の宇宙参入を阻んでいた分厚い壁を打ち破ったのは、宇宙ビジネスに夢と情熱をかける人たちの「あくなき執念」と「揺るがぬ信念」であった。

5章　宇宙ビジネス始動

宇宙事業「二つの戦略」

いま世界中で宇宙関連のビジネスが一斉に動き始めている。

現在、約40兆円とされる世界の宇宙関連市場は、2040年代には200兆円規模に成長するとみられている。官需頼みで来た日本の宇宙産業は約1兆2000億円。人工衛星やロケットなどの宇宙機器が約4000億円（これはほぼ政府の宇宙予算）、衛星通信、放送サービスなどの宇宙利用関連が約8000億円。欧米に比べ市場は小さい。その日本でも近年、民間のベンチャー企業が台頭するなど宇宙ビジネスへの投資が増えている。

それは衛星画像などの宇宙データの活用への期待が大きいからだ。宇宙データは、農作物の収穫予想や資源探査、交通量予測などさまざまな産業分野での活用が想定されている。宇宙データへの期待は、必然的にそれを収集するための人工衛星と宇宙へそれを運ぶロケットの需要を喚起する。ところが官需に胡坐《あぐら》をかいてきた日本では、人工衛星もロケットも高価で打ち上げコストが高すぎるし、時間もかかる。

そもそもロケットは、ＪＡＸＡに依存するしかなく、打ち上げの時期や申請手続きなどで制約が大きすぎる。また海外で打ち上げる場合には安全保障上のさまざまな手続きが必要になる。

「不満の裏に商機あり」はビジネスの鉄則だ。酒巻は、そこにブルー・オーシャン（競争相手のいない未開拓の市場）を見出し、二つの戦略を立てた。

⑴安くて速くて信頼できる超小型人工衛星
——キヤノン電子の量産技術・スピード・内製化

⑵一気通貫の丸ごと宇宙ビジネス
——人工衛星、ロケットから射場まで

人工衛星は日本では年に数基程度しか打ち上げられていないが、世界では年に数百基も打ち上げられており、なかでも100kg以下の超小型人工衛星は1基10億円以下で、100億円程度する小型衛星（500kg程度。地球観測衛星ASNAROなど）や数百億円する大型衛星（数トン程度。気象衛星、準天頂衛星など）に比べ、低コストで打ち上げやすいため民間主導の宇宙開発の中心的存在になっている。

酒巻が狙いを定めたのは、この超小型衛星だ。多目的の小型・大型衛星とは違い、限られ

たミッションに特化し、可能な限り費用を抑えながらも必要な性能と信頼性を担保するのが特徴で、打ち上げまでに要する時間も小・大型衛星が5年はかかるのに対し、2年程度ですむ。酒巻は、宇宙ビジネスを始めるに当たって、その利点をとことん追求し、「どこよりも速くて信頼できる超小型人工衛星」を作る、という戦略をまず掲げた。これは東大の中須賀真一教授が提唱している「ほどよし信頼性工学」の考えを踏襲し、ほどよい信頼性で手頃な衛星システムを短納期で提供することをめざすものだ。

キヤノン電子には、人工衛星の姿勢制御に欠かせないモーター技術、広角から望遠まで対応するレンズ技術、極限までムダを省く小型化技術など、宇宙事業参入のための確かな下地がある。たとえば、モーター技術であれば、回転の反作用として（生じるトルクで）衛星を動かす「リアクションホイール」や磁気の力で衛星の姿勢を制御する「磁気トルカ」などに転用可能だし、銀行のＡＴＭや自動販売機の紙幣識別用のセンサーとして使われている磁気検知技術は、「地磁気センサー」に応用している。また、太陽の向きをつかむ「サンセンサー」や恒星の配列を見る「スタートラッカー」も内製している。複写機やデジタルカメラなどに使われている部品が人工衛星の精密部品に生まれ変わるのだ。

高品質な精密機器を低コストかつ短納期で量産するノウハウの蓄積もある。それは酒巻が鍛え上げた直行率１００％のものづくりの力であり、他社にはない強みだ。キヤノングループには優れた技術を持つ企業がたくさんあり、人工衛星の本体からコンポーネント（部品）まで大半がグループ内の企業で作れる。世界中で信頼されている「キヤノンのカメラ」の光学技術は宇宙事業において大きなアドバンテージだ。

酒巻は、それらのリソースを生かし切るために外部から宇宙関連の専門家たちを迎え入れ、自社の技術とノウハウと融合させることで、コンポーネントの内製化をはかり、人工衛星の大幅なコストダウンと量産化の実現をめざした。人工衛星は三つ以上のサイズバリエーションを揃《そろ》え、それをベースに顧客のニーズに合わせてセミカスタム化する。通常2年かかる納期は3カ月以内への短縮、低コスト化を目標とした。

超小型人工衛星の具体的な事業内容としては、

①超小型人工衛星の製造・販売
②コンポーネントの販売（衛星搭載望遠鏡、衛星駆動装置、各種センサー類など）
③撮影データの販売

の三つを想定した。

酒巻が掲げたもう一つの戦略は、一気通貫の丸ごと宇宙ビジネスである。

いくら信頼できる短納期・低コストの人工衛星を作っても、それが顧客の望むタイミングで希望する宇宙空間に投入できなければ、結局は競合他社との価格競争になる。それでは儲《もう》からない。その壁を突破するには自前の打ち上げ手段を持つしかない。ロケットも射場も自分たちで作って、打ち上げまでやる。そうでないと宇宙事業に挑戦する意味がない——。

酒巻はそう考え、人工衛星の製造から打ち上げ手段までワンストップで提供する宇宙事業を構想した。そして人工衛星を打ち上げるための小型ロケットの開発・製造とともに、当初から専用の射場の建設も射程に入れていた。

「これからは宇宙を制するのがトップ企業だ。我々キヤノン電子がその先駆者となり、日本の若者たちに夢を与えよう」

酒巻の掲げた夢の軌跡は、2012年晩秋、九州博多の地で本格的に始まった。

/1/

短納期・低コストの超小型人工衛星

——部品の内製化で起こす宇宙事業の生産革命

宇宙技術研究所の設立

2012年11月1日、酒巻は福岡市博多区に宇宙技術研究所を設立した。研究所は超小型人工衛星の本体の機構設計などを行うキヤノン電子の宇宙事業を統括する中核機関であり、司令塔である。博多にしたのは、宇宙関連の優れた実験施設を持つ九州大学と九州工業大学に近く、それらの施設を借りるためだ。酒巻はこの研究所を拠点に、まずはロケットに先行して超小型人工衛星の開発を本格的にスタートさせた。

所長には「責任者で博多に迎えたい」と酒巻が口説き落としたジャイロスコープ設計の第一人者の川瀬明直が就任した。その際、酒巻は開発の期限など特段の注文はつけなかった。入社に先立って川瀬は、人工衛星の開発計画書を作成し、酒巻に提出していた。酒巻はよくできたその計画書を見て、川瀬の意気込みを感じ、自由にやってくれたらいい、と考えた。川瀬もまた「あの構想通りに進めればいいのだろう」と受け止めた。

設立時の人員は、川瀬のほかに社内の機械設計部門から数人、酒巻が選んで送り込んだ。直後に社内から二人の優秀な人材が「ぜひ参加したい」と手を上げた。一人はガンダム研究会という社内サークルの30代のメンバーで、ガンダムを作って宇宙に飛ばすことを夢見て姿勢制御などを個人的に勉強していた。もう一人はリアルタイムのコマンド命令で動く組み込みソフトに長《た》けた40代の社員だった。ともに人工衛星の開発には欠かせない技術で、二人の熱意と能力を評価した川瀬は、酒巻の承諾を得て彼らをスタッフに加えた。

次に手当てしたのは、人工衛星の生命線とも言えるバッテリーの入手と通信の専門人材の確保だ。川瀬はバッテリーについては大手電機メーカーの知人を介して交渉し、普通では入手が難しいリチウムイオン電池の購入にこぎつけ、通信の専門家についてはやはり知人の大学教授の紹介で優秀な人材を迎えることに成功した。人工衛星には光学の技術も不可欠だが、これはキヤノンが専門だから、人材の心配はなかった。

これで人工衛星に必須のコンピュータ、電源、通信、光学の手当てができた。あとは衛星全体のシステム設計ができる優秀な人材がほしい、川瀬はそう考え、酒巻に相談した。そこで東大の中須賀教授を介して迎え入れたのが、地方の国立大准教授をしていた後藤昌隆だった。

研究所は当初、経理担当なども含めて10人足らずでスタートしたが、その後、大幅に増員され、のちに100人体制となる。一流国立大出身の優秀な人材が酒巻の掲げた宇宙への夢に共感し、続々と入社するようになるからだ。

東大で確信したキヤノン電子の内製力

2013年の年が明けてまもなく、酒巻は目標を明確にして開発に邁進《まいしん》するため、キヤノン電子の開発する超小型人工衛星の初号機の名前をCE-SAT-I (Canon Electric Satellite I) とすることに決めた。

3月には東大の中須賀教授ら約20名の外部審査員も交えてCE-SAT-Iの設計構想会議が開かれた。基本的なミッションは、超小型衛星の基礎的な技術（設計、製造、試験、打ち上げ、運用、解析の一連の流れ）の習得とし、そのために仕様上、無理な冒険はせず、手堅い設計をすることになった。最終的には外寸５００×５００×８５０㎜、質量65㎏。地上５００㎞の軌道上から５㎞×３㎞の撮影範囲で０・９ｍの地上分解能（ＧＳＤ：ground sample distance）の画像を撮影できる光学観測衛星とすることが決まった。ＧＳＤが０・９ｍとは、一辺が90㎝以上のものを識別する能力があるという意味だ。

開発が具体的に動き出した同年、酒巻は東京本社に人工衛星やロケットの部品設計などを担う未来技術研究所を設立した。所長には美里事業所の生産技術部門のトップだった加藤宗利を任命した。

複写機などの部品設計などに長年携わってきたメカ屋（機械設計エンジニア）のベテランで、どんなものでも作る自信はあったが、さすがに宇宙関連の部品は手がけたことがない。酒巻から話があったときは「宇宙か。大変そうだな」と気が重かった。

そこで、東京は遠いとか、親が病気で入院しているとか、断る理由をあれこれ考え、酒巻に伝えた。ところが、「それならこうするといいよ」と酒巻は一つひとつ対案を用意し、外堀を埋める。結局、押し切られ、所長を引き受けた。

スタッフは当初、加藤ともう一人。その後、酒巻の差配で一人二人と増えていった。最初は何をやればいいかわからず、とりあえず人工衛星とロケットの模型を作った。

「こんなのがほんとうにうちの会社で作れるのかね」

作りながら、みんなで苦笑した。どこか冷めていた。

気が進まないまま所長になった加藤の思いがそうさせている――。

そう感じた酒巻は、東大の中須賀教授にお願いして、加藤らスタッフ全員が教授の研究室で人工衛星について学ぶ機会を用意した。この作戦は当たった。

加藤はこの「勉強会」を通じて、大学のものづくりは民間メーカーのそれとはまったく違うことに気づき、これなら我々にもチャンスがある、そう考えるようになった。

いちばんの違いはコスト意識で、キヤノン電子のやり方でも同等のものができるし、何よりもっと簡単で速く、材料にもムダがない。それに気づいたとき加藤は、宇宙事業に参入する際に酒巻が言った、「宇宙価格はべらぼうに高い。民生品を使えば、人工衛星もロケットも速く・低コストでできる」という言葉を思い返し、なるほど、こういうことか、と改めて得心がいった。

と同時に、宇宙価格がどれほど法外なのか、実際のところが知りたくなった。すぐに調べてみた。驚いた。どれもこれも民間メーカーの技術者の感覚からしたら桁が一つも二つも違う。目を疑うような値段がついていた。たとえば人工衛星に欠かせない太陽電池のパネルは1枚500万円もする。4枚つけると2000万円だ。

あり得ない!

仰天した加藤は、

「なんでこんなに高いんですか」

と宇宙技術研究所の川瀬明直にたずねた。宇宙村をよく知る川瀬は、苦笑しながら「それが現実」と言ったあと、自分にも言い聞かせるようにこう続けた。

「でも、それをなんとかするのが我々の仕事だからね」

加藤は、早速、太陽電池パネルの図面を入手して、500万円もする製品はどれほどすごい設計なのか確かめた。「えっ、うそだろう!?」。拍子抜けした。

これなら自分たちでも作れる!

メカの工夫で、低コストで人工衛星を作る

すぐに宇宙技術研究所や美里事業所の生産技術センター（試作、加工、組立を担当）などと連携、パネルの内製化に取りかかった。いざ始めてみると、打ち上げ時の衝撃や宇宙空間での使用に耐えるためのさまざまな技術的な工夫が必要で、当初思っていたほど簡単なことではなかったが、それでもなんとか乗り越えることができた。

たとえば人工衛星の筐体《きょうたい》（機器を収めている箱）の設計に当たっては、ジュラルミンなど

の高い材料ではなく、汎用材料の軽くて安いアルミを採用した。打ち上げ時の衝撃は凄《すさ》まじい。振動を考えてしっかり作るとどうしても重くなる。「軽くて丈夫」にするための選択で、そのために形状に工夫を凝らすなど知恵を出し合った。ペットボトルがそうであるように、やわらかい素材でも表面を波状にするだけで強度は大きく増す。同様の発想を駆使して安い材質でも高い材質と同じ強度が得られるようにした。打ち上げ時の衝撃に耐えられるか、振動試験機にかけて繰り返し検証し、これなら大丈夫と確証を得た。

また筐体に採用したアルミを削り出してレールをつけることで太陽電池のパネルを板状に取り付けることができるように工夫を施した。ヒントは飲食店が出前に使う岡持ち。すっと引き上げて皿やどんぶりを取り出す、あのフタの仕掛けの応用だ。

ＣｈｉＥ－Ｔｅｃｈで磨き続けた発想力が生きた。

「メカは永遠。工夫に終わりはない」――。

加藤の思いは、キヤノン電子に酒巻が植え付けたものづくりの魂そのものだ。

製作に取りかかってから数カ月。太陽電池のパネルは完成、内製化に成功した。製作費用は1枚50万円もかからなかった。宇宙村は過去の成功体験に胡坐をかいて技術的な挑戦を放棄し、自分の首を絞めていたのだ。

「社長の言った通りだったね」

「宇宙価格を10分の1にしちゃったよ」

宇宙事業に手ごたえを感じ、俄然《がぜん》、モチベーションを上げる契機になった。

以後、加藤ら未来技術研究所の面々は、宇宙技術研究所や生産技術センターなどと密に連携をとりながら、宇宙部品などの内製化に精力的に取り組み、次々に成果を上げる。

たとえば、接着剤に入る空気を抜いて真空にする脱泡装置は買えば３００万円はするが、これを約15万円で内製したほか、30万〜40万円はするアクチュエーター（駆動装置）も５万円ほどで作ってしまった。その後も格安での内製化を相次いで実現する。

それを可能にしたのは、酒巻が就任以来、「すべてを半分に」や「直行率１００％」などを合言葉に徹底的に鍛え上げてきたキヤノン電子の生産技術の力だった。

初めての経験だからこそ素直になれた

美里の生産技術センターは、宇宙部品の内製化に当たって試作、加工、組立の製造部門を担当した。センター長の高井修（かつてモーター事業部長として、酒巻にインナーローター・タイプのモーターの開発を命じられた男）は、宇宙技術研究所や未来技術研究所から送られてくる設計図面と日々格闘を続けた。たとえば川瀬の設計したジャイロスコープのような人工衛星の心臓部に当たる部品には、民生品とは次元の異なるナノメートルオーダー（10億分の1m）の宇宙基準の加工や組立の精度が要求される。

しかも酒巻からは、

「宇宙部品は壊れても宇宙には直しに行けないぞ」

と繰り返し言われ、大変なプレッシャーになっていた。

それまでもマイクロメートル単位（100万分の1m）の精度の仕事はずいぶんしてきたが、宇宙は要求される精度が違う。高井は、うまくいかないときはまたもとに戻って修正するしかない――、そう腹をくくり、一球入魂の加工、組立に取り組んだ。

そのために何より大事にしたのは、設計部門との連携だ。図面通りに作ってうまくいかないときは、すぐに宇宙技術研究所や未来技術研究所の担当者と対応を話し合う。それを繰り返した。加工をどこまできれいに仕上げるのか、そうしたことも相談して進めた。

メーカーでは設計と製造がよくぶつかる。製品がうまくできないと、やれ設計が悪い、いや製造がへたくそなんだ、と互いのプライドから責任を押し付け合う。キヤノン電子も例外ではないが、この宇宙プロジェクトではそうした衝突は皆無だった。

それは誰もが素直になれたからだ――。

高井はそう思っている。

民生品を使って宇宙部品を内製化するのは、もちろん我々は初めてだし、設計も初めて。外部からきた専門家の人たちだってそう。みんな初めてだからこそ、互いを尊重して素直に意見を出し合い、よりよいものをみんなで作り上げようとしたのだ、と。

酒巻は、社長に就任して以来、ことあるごとに社員にこう言い続けてきた。

「ものづくりで何より大切なのは素直になることだ」

そこには、先入観を捨てて物事をあるがままに受け止めるまっさらな心であったり、痛い話にも耳を傾ける謙虚さであったり、わからないことがあればつまらぬプライドを捨てて誰かに教えを乞うほんとうの意味での向上心であったり、さまざまな意味が込められている。

宇宙部品の内製化を下支えしたのは、まさに酒巻が社員に求めてきた素直さだった。

酒巻経営改革⑳　素直に物を見る
技術者も経営者も、常に謙虚で素直であるべき。先入観を捨てて、物事をあるがままま受け入れるよう、経営者は自ら模範を示し、社員にも「素直さ」が大切であることを説き続けないといけない。

望遠鏡の大敵、熱と振動の克服

キヤノン電子にとって宇宙事業は初めての経験だった。外部から迎えた専門人材も民生品を使ったコンポーネントの内製化は経験したことがない。当然、一筋縄ではいかない苦労があった。なかでも難題だったのは、

① 振動
② 無重力
③ 真空
④ 放射線

など普通の民生品とは動作環境が異なる打ち上げ時の衝撃と宇宙空間への対応だった。

宇宙村が使う特注の部品は、過去の実績からその特殊な環境下での動作が実証されている。

キヤノン電子が内製化した部品を使うには、それを自ら証明する必要があった。

地上とは異なる動作環境への対応は、前述の人工衛星の筐体がそうであったように内製化

の大きな課題の一つで、キヤノン電子のものづくりの力が大いに試されることになった。

たとえば人工衛星の最も重要な部品の一つに反射望遠鏡がある。画像を撮影するための光学ユニットで、社内では「ご神体」と呼ばれている。核心部品は非球面ミラーで、地上の光を集めて撮像センサーに導くカメラのレンズのような役割を担っている。

当初、宇宙技術研究所の川瀬や後藤は、ＧＳＤを２・５ｍにするつもりでいたが、より高い解像度を求めて０・９ｍに引き上げることになり、ミラーのサイズも口径20㎝から40㎝へとより大きなものが必要になった。

この口径40㎝の反射望遠鏡を設計したのは、未来技術研究所傘下の光学技術研究部である。部長はキヤノン出身の光学の専門家で定年後に入社した満田亨。やはり宇宙部品は初めての経験で、地上とは違う宇宙の動作環境への対応には苦労した。

最後まで残ったのは「真空での熱処理」と「打ち上げ時の振動対策」だった。宇宙空間は真空で、むき出しになる望遠鏡は、ミラーなどがマイナス１００度からプラス１００度の激しい温度変化にさらされる。しかも真空では空気がないから熱が逃げない。高温による部品の熱膨張対策は最大のテーマで、満田は宇宙技術研究所の川瀬や後藤らと連携しながら、試行錯誤を重ね、金属を利用して熱を伝導させる放射冷却の方法を編み出し、解決した。

打ち上げ時の振動対策は、衝撃に耐えるように剛性を高めるほど光学ユニットは温度変化に弱くなるなど、さまざまなトレードオフとの格闘の連続だった。無重力の宇宙では地上で受けていた重力から解放されるから、その変化も考慮する必要があった。満田は言う。

「どういう材料を使うか、どういう構造にするか、最適解はどこにあるのか。それを見極めるのが一番大変だった。その意味では光学だけでなくメカの部分も肝になった」

この点については、満田のもとでミラーの設計などに取り組んだ津山智も、

「打ち上げの際のとてつもない衝撃と振動を受けてもびくともしないナノメートルオーダーの高精度を実現するのが一番大変だった」

と振り返る。コンピュータで構造解析を行い、美里の生産技術センターと連携して小さい部品から試作、部分検証を重ねた。その間、高価なミラーにヒビが入るなど手痛い失敗もあったが、最終的に九州工大の実験施設を借りて行った打ち上げ時の振動や純真空層での温度変化などの実証実験で見事にその強度や耐性を証明してみせた。

宇宙での信頼性は自ら証明する

もともと日本の民生部品は優秀だ。多くのテストに耐えたものが使われている。たとえば温度試験をプラス70度からマイナス30度までやるし、振動試験も非常に厳しい条件のもとで

行っている。複写機などの精密機械を動かすための駆動回路や部品には、1分間に5万回も回転駆動するなど過酷な環境下で使われる部品もある。キヤノン電子ではそれらに5年間の保証をつけている。壊れない自信があるからだ。

あるとき酒巻は、宇宙事業に長く携わってきた人物から、

「民生部品は宇宙でテストをしていない。大丈夫か」

と聞かれたとき、こう答えた。

「確かに宇宙空間で使用したことはないですね。でも、大丈夫だと思いますよ。たとえば宇宙は放射線にさらされますが、その影響でシステムの停止や誤作動が起きないように、とりわけ半導体の信頼性の確保には気を遣っています。数多くの市販の半導体チップを実験で検証し、安くても放射線に強い優れた製品を探し出し、使うようにしています。キヤノン電子で内製している部品も宇宙で使えるようにしっかりテストをやっています」

初号機のCE-SAT-Iが完成したのは2015年6月。13年春の開発スタートから約3年でのゴールだった。酒巻は地上検証だけで内製品の性能は確認できると確信していた。それは人工衛星の打ち上げ成功で証明される。

詳しくは後で述べるが、キヤノン電子は2017年6月に初号機CE-SAT-Iを、2020年10月には3号機CE-SAT-IIBを、それぞれ打ち上げ、目標軌道への投入に成功する。2号

機CE-SAT-IBは米ロケットラボのElectronロケットの打ち上げ失敗で軌道投入できなかったが、内製化率は初号機で約60％、2号機、3号機では80～90％に達している。

カメラはもちろんキヤノン製。初号機CE-SAT-Iには望遠鏡の検出器と一眼レフカメラ「EOS 5D mark III」を組み合わせ、またコンパクトデジタルカメラ「PowerShot S110」の2台を搭載した。前者がメインで後者はファインダーの位置づけだ。いずれも普通の市販品、それも東京の秋葉原で買ってきた。

初号機の設計寿命は2年だったが、2021年11月現在も運用が続いている。キヤノンのカメラは地上を写した鮮明な画像を送り続けている。民生品でも十分宇宙で使えると考え、内製化をめざした酒巻の主張の正しさは、それらの画像が日々実証している。

もう一つ特筆すべきは、初号機で最初に壊れたのは宇宙用に製造された特注部品だったという事実だ。開発段階でも宇宙用に特注した数十万円もするコネクターと1個数十円の民生用のコネクターの衝突実験を行ったら、特注品が壊れてしまったこともあった。

民生品は何千万、何億個の単位で大量生産するが、宇宙部品はせいぜい10個しか作らない。そこから1個を選ぶ。いくら過去の実績があると言っても、一球入魂のものづくりはよほど鍛えていないと容易ではない。信頼性を担保するのは簡単なことではないのだ。

宇宙技術研究所を博多から東京へ移した理由

2015年に、酒巻は宇宙技術研究所を博多から東京芝公園の東京本社へ移した。初号機のCE-SAT-Iが完成したのを機に開発の主体をベテランから30代の若手に切り替えた。そのタイミングでの移転だった。

新規事業は立ち上げから軌道に乗るまでは有能なベテラン主導でないとうまくまわらないが、軌道に乗ったあとは新しいリーダー層を育成するために若い世代中心に切り替えるべきで、そうしないと人材は育っていかない。若い世代に会社にとって大事な仕事や燃えるテーマを与え、やる気を引き出すのは、人材育成の要諦の一つだ。

トップの仕事は、その切り替えを適切なタイミングで行い、次世代のリーダー候補たちに目配り、気配りをしながら自ら指導して鍛えること。その際、もちろん忘れてならないのは、後ろに下がってもらうベテランのリーダー層への心遣いである。

酒巻は研究所を博多から東京本社に移し、若手主体のスタッフを手元に置くと同時に、

「後進に道を譲ってくれませんか」

とゼロから初号機CE-SAT-Iを完成に導いた川瀬らベテランのリーダー層に頭を下げた。

川瀬は酒巻が用意した宇宙技術研究所最高顧問のポストに就いた。

２０１５年６月、酒巻は新たに衛星システム研究所を設立、後藤昌隆を所長に任命した。以後、人工衛星の開発は後藤を中心に30代の若手主体で動くことになる。

酒巻経営改革㉑　チーム成長の見極め
新規事業のチーム作りでは、最初はベテランにチームを引っ張らせるが、若手が伸びてきたタイミングで、チームの主体を若手に切り替える。このタイミングを見極めるのが、経営者の腕の見せ所。

初号機の打ち上げ成功で踏み出した確かな一歩

酒巻は当初、初号機CE-SAT-Iを２０１５年中にロシアのドニエプルロケットで打ち上げるつもりでいた。ところが前年2月に始まったロシアのウクライナ侵攻の混乱からこれを断念、２０１５年8月頃にはインドのＰＳＬＶロケットでの打ち上げに切り替えた。

インド南東部のサティシュ・ダワン宇宙センター（アーンドラ・プラデーシュ州シュリー

ハリコータ）から、初号機CE-SAT-Iを載せたインド宇宙研究機構のPSLVロケットが打ち上げられたのは、日本時間で2017年6月23日の午後0時59分のことである。

「スリー、ツー、ワン、ゼロ！」

東京本社の管制ルームには酒巻をはじめ宇宙プロジェクトのメンバーが多く集まり、祈るような気持ちでインドからの中継映像を見守った。打ち上げから17分1秒後、CE-SAT-Iは宇宙空間に放出され、地球の周回軌道への投入も予定通り無事成功した。

酒巻がキヤノン電子の社長に就任して以来、幼い頃からの夢を実現するために密《ひそ》かに布石を打ち、周到に準備を重ねてきた宇宙事業が、確かな一歩を踏み出した瞬間だった。

CE-SAT-Iは朝と夜の2回ずつ、日本の上空に飛来し、キヤノン電子が群馬県の同社赤城事業所に設置した地上局と通信、撮影した地上の画像を送信する。

初めて東京本社の管制室がCE-SAT-Iから画像を受信したのは、打ち上げから2カ月半ほどした9月1日の夜9時半頃。その夜、管制室には20人ほどのメンバーがいたが、モニター画面にはるか上空から撮影された大阪の街がくっきりと浮かび上がると、

「うおーっ！」

という歓声とともに大きな拍手が沸き起こり、管制室は感動に包まれた。

衛星本体の機構設計をした川瀬や後藤らは、画像が想像以上に鮮やかであったことに安堵《あんど》

した。望遠鏡の設計を担当した満田はそれまでの技術者人生でも経験のない心の昂《たかぶ》りを覚え、ミラーの設計などに取り組んだ津山は思わず泣きそうになった。

CE-SAT-Iから初めて画像を受信するまでにはずいぶん時間がかかったが、これにはもちろん理由がある。衛星の姿勢制御などを担当した衛星システム研究所の三輪匡仁（元国立天文台）は、主な理由として、

①チェックアウト
②アウトガス

の二つをあげる。

チェックアウトは、各種機器が正常に動作するか、センサー、アクチュエーターなどを一つひとつスイッチを入れて検査すること。アウトガスは、衛星が軌道上に上がると各種装置から少しずつガスが抜けることを言う。ガスが抜けきらないうちに光学系をフルに使うとミラーやカメラにガスの成分が付着するなどして撮影に問題が生じる恐れがある。2カ月半は、機器の検査とガスが抜け切るのを待つのに必要な時間だった。

CE-SAT-Iの設計寿命は2年だった。トラブルもあったが、打ち上げから4年以上経過し

ても撮影した画像を送り続けている。後藤は「トラブルも若手のいい勉強になっている」とむしろ喜ぶ。CE-SAT-Iは可能な限り地上から復旧できるように「死なない衛星」にするための自由度の高い設計になっている。このことが若い技術者たちのよい成功体験を引き出している。

CE-SAT-Iは、研究用の実証衛星なので、打ち上げ後もプログラムを書き換えるなど日々アップグレードを行っている。姿勢制御性能の向上など衛星機能の設計値以上の能力を引き出す作業にも取り組んでおり、こうした継続的な修正作業で画像の精度も改善された。２０２１年11月現在、CE-SAT-Iが撮影した画像は3万枚以上にのぼる。蓄積されたデータは、その後の開発に生かされている。

なぜ酒巻は2号機の開発を急いだのか

2号機CE-SAT-IBの開発が始まったのは２０１７年12月、完成したのは２０１９年5月。初号機の経験もあり、開発からわずか1年６カ月で完成した。人工衛星の量産化とそれを実現するための内製化のさらなる推進がテーマだった。

前述のように初号機の内製化率は60％ほどだったが、2号機では初号機で内製した部品に加え、新たに自社開発した衛星の姿勢制御を行うセンサーやアクチュエーターなどの部品が搭載されたことで内製化率は80~90%へと引き上げられ、酒巻のめざすコンポーネントの100%内製に大きく近づいた。

2号機では初号機で内製化した部品の改善も行われた。たとえば望遠鏡のミラーは、キヤノンのグループ企業で研磨を行ったが、ミラーそのものは米国製だった。これをグループ企業から調達し、純国産による完全内製化を実現している。

望遠鏡については量産化を見据えたミラーサイズによるシリーズ化も始まった。顧客のセミカスタム化のニーズに応えるため、開発済みの口径40㎝のミラーに加え、新たに20㎝、8・7㎝の二つのサイズを開発したほか、60㎝の大口径のミラーの開発も進めている。

ところで2号機CE-SAT-IBの開発は、初号機の検証終了を待たずにスタートしている。当初酒巻が掲げた開発期限は1年後の2018年末。初号機の検証も終わらないうちに短期間で開発をめざすことには反対する声もあったが、酒巻の強い意向で初号機の検証と並行する形で2号機の開発は進められた。

なぜ酒巻は2号機の開発を急いだのか?

そこには、

①商業ベースで求められるスピード感を身につける
②挑戦的な課題を与えることでさらなる成長を促す

という二つの狙いがあった。

ほどよい性能の衛星システムを超格安・超短納期で提供するには内製化による量産化とともに納期短縮を実現するスピード感を身につける必要があるが、これは実際に経験してみないとわからない。開発のスピードを上げることで、どこでどんな問題が生じるのか、何ができて何ができなくなるのか、そのための解決策はどうすればいいのか——、酒巻は開発陣に、それを自ら経験し、乗り越えるための機会にしてほしいと考えた。

それは同時に開発陣の成長を促す大事な機会とも位置付けていた。人は同じことをやっていたのでは成長しない。適切なタイミングで適切な負荷をかけることで初めて伸びていく。それには誰でもできる仕事ではなく、会社にとって重要な仕事を与えるのが一番よい。そうすれば人は意気に感じて仕事に燃えるものだ。初号機が完成したタイミングで人工衛星の開発の主体を30代の若手に切り替えたのもそのためだ。

キヤノン電子の社運を担う重要なミッションを与えることで、彼らの奮起を促し、いっそうの成長を期待したのである。

酒巻経営改革㉒　スピード
新規事業では「スピード」が欠かせない。経営者がスピード感を持って新規事業を進めることで、チームは成長するし、事業の成功確率が上がる。

若手開発陣を鍛え上げるための仕掛け

酒巻の与えた高い負荷と必死で格闘した一人に衛星システム研究所の中山康信がいる。大手電機メーカーで半導体の開発に従事していたが、「光学ナンバーワンのキヤノングループが得意分野を宇宙に広げる、面白い」と中途募集に応じ、入社した。

半導体の知識が生かせる仕事を与えられると思ったが、人員不足から畑違いの通信を担当することになった。大学時代に通信工学を学んだことはあったものの、仕事で使えるはずもなく、一から勉強しなおした。そして気づけば通信部門の責任者になっていた。

ある日、中山は酒巻に呼ばれ、

「急いでライセンスを取ってほしい。1年で頼むよ」

と周波数の国際ライセンスの取得を命じられた。

「えっ、1年ですか!?」

思わず中山は聞き返した。衛星と地上間の通信は、同じ周波数をみんなで同時に使うと混信してしまうため、誰がどの周波数を使うのか国際的なライセンスの調整が行われている。対象は20カ国以上で、調整には通常2~7年かかる。

しかも近年は通信衛星を複数基協調させるコンステレーション衛星が増えており、一事業者が1軌道1000基の衛星を申請するケースもある。中山はライセンスの申請に当たって、それらの大量の衛星に干渉を与えないことを証明する必要があった。

ところが衛星システム研究所の既存のシミュレーターでは1日に処理できるのが3基程度で、1000基の衛星に干渉を与えるかどうかを調べるには1年以上かかってしまう。そこで中山は、当時、1軌道にある最多の衛星が170基であったことから、それを2日で処理できるシミュレーターを1カ月ほどかけて自分でプログラミングをして作成し、1軌道に1000基あっても干渉を与えないことを証明する資料を作り上げた。

その結果、1年後には周波数の割り当てを受けることに成功した。通常ではありえない、おそらく日本では例のない短期間での国際ライセンスの取得だった。

それを導いたのは、2号機にかける酒巻の熱意と執念だった。

酒巻は2号機の開発を命じると、週1回2時間、プロジェクトの各部門の主要メンバーを30人ほど集めて進捗状況の報告会を開いた。初号機ではこのような報告会はなかった。

酒巻は、部下に対して常に正しい報告を求める。なかでも悪い情報を特に大事にする。うまくいっている情報はあえて聞く必要はないが、うまくいっていない悪い情報は正しく上司に報告されないと、経営判断を誤る原因になりかねないからだ。もとより悪い情報は上司の叱責をかうのを恐れて報告が遅れたり、隠蔽されたりしやすい。

だから酒巻は、報告会の開催に当たって、

「うまくいってることはいい。うまくいっていないことだけ報告するように」

と最初に強く求めた。

周波数の国際ライセンスを1年以内に取得するよう命じられた中山は、既存のシミュレーターの能力不足から、大量の衛星に干渉を与えないことを証明するのに手こずっていた。それを正直に、

「2週間遅れています。挽回《ばんかい》するために新しいシミュレーターを開発しています」

と報告した。酒巻は、その理由と対策に理解を示し、

「計算機の能力が足りなら言いなさい。いくらでも協力する」

と全面支援を約束し、高性能のワークステーションを利用できるようにしてくれた。

週1でプロジェクトの進捗状況を報告させる一方で、仕事の遅れに納得できる理由があるなら支援を惜しまない──。酒巻の2号機にかける熱い思いに触れた中山は、やるしかない、と腹を括《くく》り、シミュレーターの開発に邁進、周波数のライセンス取得につなげた。

週1の報告会は、資料作成などに時間を取られることから、プロジェクトのメンバーの間から「きつい」と不満の声が出たが、「週1で報告会があるのはわかっているのだから、資料作成の時間も見越して働きなさい」と酒巻は取り合わなかった。

酒巻は、技術者としての自身の体験や長く開発部隊を率いてきたリーダーとしての経験から、若手の技術者が自分のなかにある壁を突破するには、ときには彼らを能力の限界まで追い込むような荒療治も必要なことをよく知っていた。あえて過酷な状況を作り、そのなかで一人ひとりが、問題の所在を明確に意識し、解決策を見出すことを求めたのだ。

酒巻は2号機の開発が軌道に乗ると、所期の目的を達成したと判断、報告会の開催を隔週1回に切り替えた。それは若手の成長を認めた証《あかし》でもあった。

酒巻経営改革㉓　「よくないこと」こそ報告

スピード感を持った新規事業開発のためには、社長が陣頭指揮をとって、1週間に1回の報告をさせることも必要になる。その際、もっとも大切なことは「うまくいっていないこと」をきちんと報告させること。

2号機喪失の翌日に発表した3号機の打ち上げ

2号機CE-SAT-IBは当初、2020年5月中旬以降に米国ロケットラボのElectronロケットで同社がニュージーランドに持つ射場から打ち上げる予定だった。ところが新型コロナの感染拡大で海外渡航に制限がかかり、キヤノン電子や米国にいるロケットラボの技術者が現地に入れなくなり断念、7月4日に延期された。悪天候でさらに1日順延となり、日本時間の5日午前6時20分頃、やっと発射台から打ち上げられた。

キヤノン電子東京本社の管制室では、ロケットラボの中継するライブストリーミングを酒巻やプロジェクトのメンバーらが見守っていた。順調に上昇を始めたロケットの姿に若い技術者から「よし!」と声が上がった。ところが、それからまもなく事態は急変する。2段目の燃焼時に機体にトラブルが発生、打ち上げは失敗に終わった。

「あんなに頑張ったのに……」

静まり返る管制室に誰かがつぶやいた言葉が虚《むな》しく響いた。

中継を打ち切ったロケットラボの公式ツイッターは、「顧客に深くお詫《わ》びする」と衛星を搭載した企業に対する謝罪のメッセージを投稿した。

Electronロケットの打ち上げ失敗を確認した酒巻は、意気消沈し、言葉もなくうなだれる若手開発陣を鼓舞するように、

「ロケットラボの失敗であって我々の失敗ではない。だから下を向くことはない。2020年中に必ず3号機CE-SAT-IIBを打ち上げる」

そう力強く宣言すると、翌6日、その旨メディアに発表した。

と同時にロケットラボのトップに、「今回は残念な結果になったが、我々は次号機も御社に打ち上げをお願いするつもりだ。一緒に頑張ろう」とメールを送った。失敗したときこそ手を差し伸べ、相手をフォローする。それが次のビジネスにつながる。

もともと酒巻は、相手がどんな国のどんなメーカーでも、たとえそれがコンペティター（競合相手）であっても、助けを乞われれば手を差し伸べるのを信条とし、実際そうしてきた。そうしておけば、こちらが困ったとき、あのとき助けてくれたから今度はうちがと、必

ず助けてくれる。仕事の発注につながることも多い。そういう会社は信義に厚く、他社に乗り換えるような不義理はしない。だから酒巻は「困っていたら助けなさい」と部下に言い聞かせている。

３号機の開発は、２号機と同じ２０１７年12月に始まり、２号機の開発と並行して進められた。完成したのは２０２０年６月。キヤノン製ＣＭＯＳセンサーを使用し、新たに自社開発した超高感度カメラとミラー口径20㎝の望遠鏡を組み合わせることにより従来の光学地球観測では難しかった夜間の地上観測を可能にしている。３号機にはもう１台、ミラー口径８・７㎝の望遠鏡が搭載されており、キヤノン製ミラーレスカメラ「EOS M100」と組み合わせる。広角側の検出器には「PowerShot G9X Mark II」を採用した。

３号機の重量は、35㎏、サイズは２９２×３９２×６７３㎜。初号機と2号機の半分の超小型化を実現している。ただしその分、ミラーの口径も小さくなった。このため地上分解能は、「望遠１（超高感度カメラ）」が５・１ｍ、「望遠２（EOS M100）」が５・０ｍ。初号機と２号機のＧＳＤ０・９ｍに比べると粗い。

その代わり超高感度カメラには超高感度ＣＭＯＳセンサーが搭載されており、前述のように夜間でも船舶や山奥の建物などを撮影可能だ。従来、夜間の地上の撮影は、レーダーで観測するＳＡＲ（合成開口レーダー）衛星の独壇場だったが、深夜でも光学撮影が可能と実証できれば、防災や損害保険、防衛関連など幅広い分野への活用が期待できる。3号機の最大のミッションは、ミラー口径による望遠鏡のシリーズ化の実現とともに、夜間の光学撮影の性能を確認することにあった。

3号機CE-SAT-IIBは、日本時間で2020年10月29日の午前6時20分頃、米国ロケットラボのElectronロケットでニュージーランドから打ち上げられ、約1時間後、今度は無事に目標軌道に投入された。2017年6月に初号機をインドで打ち上げて以来、3年ぶり二度目の軌道投入成功だった。

東京本社の管制室は、前回、打ち上げに失敗していただけに、安堵に包まれた。酒巻は努めて冷静を装っていたが、もしまた失敗したら、さすがにまずいなと、正直気が気ではなかった。それだけに予定軌道への投入が確認されたときは、心底ほっとした。

打ち上げから2カ月。3号機CE-SAT-IIBから地上を夜間撮影した鮮やかな画像が送られてきた。ミッションは無事に達成された。

これで超小型人工衛星は、望遠鏡のシリーズ化も含めてなんとか目途が立ったな――。

酒巻はそう思った。

/2/

一気通貫の丸ごと宇宙ビジネス
――ロケットも射場も自前で作る

「推進力3割増」のミッション

自前の打ち上げ手段を持つことは宇宙ビジネスの切り札になる――。

酒巻は宇宙事業への参入に当たり、最初からロケットも射場も自分たちで作ると決めていた。打ち上げ手段がないと、それらを持つ内外の国策機関や企業に首根っこを押さえられ、自分たちの好きなときに好きな場所へ打ち上げることができない。これでは人工衛星をビジネスにするには制約が大きすぎる。だったら、自前の打ち上げ手段を持てばいい。そうすれば制約から解放され、逆に大きなアドバンテージが得られる。

最初に手をつけたのはロケット燃料の基礎研究だった。酒巻は東京本社に高効率エネルギー研究所を設立、所長にキヤノン時代の部下だった園部太一郎を任命した。宇宙事業参入を見越して２００２年にキヤノンから迎えた材料研究のスペシャリストだ。

酒巻は園部に命じた。

「ロケットを作る。固体燃料の研究開発をやってほしい。推進力をいまの3割増しにしたい。それを可能にする固体燃料を作ってくれ」

宇宙事業を構想した当初から酒巻は、超小型人工衛星の打ち上げにはそれに特化した固体燃料の小型ロケット開発が必要と考えていた。

固体燃料ロケット（固体ロケット）は、本体に搭載した固体の推進薬を直接燃やして推力を得るロケットで、基本的な仕組みはロケット花火と同じである。固体ロケットの場合、推進機関はロケットエンジンではなくロケットモーターと呼ばれ、主に①固体燃料、②固体燃料を装填するモーターケース、③燃焼ガスを噴出するノズルで構成されている。

液体燃料ロケット（液体ロケット）と比べた場合、誘導制御の面では劣るが、構造が簡単で部品点数も少なく故障しにくいため信頼性が高い。開発も容易でコストも安くてすむ。しかも同じ大きさなら液体ロケットより大きな推進力が得られる。製造から打ち上げまでのリードタイムも短く、希望するときにすぐに打ち上げられるのも利点だ。

もともと日本では糸川英夫博士が作った日本初のペンシルロケットが固体燃料で、以来、データの蓄積も多い。新規参入するには固体ロケットしかない——。酒巻はそう考えた。

いきなり推進力が３割増しの固体燃料を作れと言われた園部は、面食らった。いくら日本には固体ロケットの技術的蓄積があるといっても、自分はそれまでロケット燃料とはまったく無縁の技術者人生を送ってきた。

無茶ぶりにも程がある、と思ったが、それも期待されてのことだと思い、まずはロケット燃料に関する文献資料を片っ端から読み漁《あさ》った。固体ロケットは、一般に燃料にポリブタジエンというゴムの一種と、酸化剤に過塩素酸アンモニウムという物質、さらに性能を上げるためにアルミニウムを混ぜて固めたものを推進薬としていることを知った。

基本的な知識を詰め込むと、友人、知人、親戚、あらゆる伝手《つて》を頼ってＪＡＸＡの研究者など固体燃料の専門家を紹介してもらい話を聞きに行った。そしてその専門家にまた別の専門家を紹介してもらい訪ねた。未知の仕事に取り組むときは、先人に勘所を教えてもらうのが道を誤らず、素早くゴールに辿《たど》り着く一番の方法だと経験的に知っていた。

園部は先人を訪ね歩くうちに、固体燃料はかなり確立された技術であり、文献資料も多いが、安全保障にかかわる機密情報は非公開で、推進力３割増しのミッションを実現するには、その機密の壁をいかに崩すかが肝だと気づいた。

壁との戦いはもぐらたたきのようなもので、一つ壁を潰すとまた次の壁が現れる。それを根気よく一つひとつ潰していった。

汎用材で作るロケットモーター

固体燃料の開発は、推進系のロケットモーターを構成するモーターケースとノズルの開発とセットで行われる。酒巻は、それらの開発設計は東京の高効率エネルギー研究所が担い、製造は本社のある秩父で行うことに決め、２０１３年、秩父工場に新規技術研究所を設立、製造現場を長く率いてきた筧俊尚を所長に任命した。メンバーは秩父工場の7部署から優れたスキルを持つ14名を酒巻が選んだ（いずれも専任ではなく通常業務との兼任）。外部から迎えた専門人材はおらずキヤノン電子生え抜きのチームだった。

翌２０１４年にはＪＡＸＡにいた固体燃料の専門家の宮里浩三が入社、高効率エネルギー研究所の園部の下に就いた。

人と組織を整えた酒巻は、以後、ロケットモーターの研究開発を本格化させる。

固体燃料は、燃料と酸化剤をバインダーと呼ばれる材料で固めて作る。過塩素酸アンモニウム（酸化剤）とアルミニウム（燃料）を合成ゴム（バインダー）で固めるのが一般的だ。もともと固体燃料は技術的に成熟しており、園部が機密の壁をかなり突き崩してはいたが、大きく性能を上げるには限界があった。

そこでカギを握ったのはロケットモーターの軽量化だった。ロケットは重量のほとんどを燃料が占める。固体燃料を効率よく速度に変えるには、可能な限り薄くて軽いロケットモーターにする必要があった。軽量化は推進系の高性能化とともに製造コストの削減にもつながる。

それは打ち上げコストの大幅削減をめざす酒巻の宇宙戦略の核心テーマでもあり、切り札はここでも民生品を有効に活用することだった。ロケットに使用する材料の多くは、人工衛星がそうであるように宇宙用のものだが、これを汎用の一般工業材料を使用することでコストを抑え、なおかつロケットモーターの高性能化もめざした。

ロケットモーターの設計を主に担当したのは宮里浩三。モーターケースには軽くて強度の高い炭素繊維強化プラスチック（ＣＦＲＰ：carbon fiber reinforced plastic）を用い、これを型（マンドレル）に巻きつけるフィラメントワインディングという手法で成型する。ＣＦＲＰはたんにカーボン樹脂とも呼ばれ、釣り竿やゴルフクラブのシャフトなどに使われている、よく知られた汎用の工業材料だ。

大きな課題となったのは、ＣＦＲＰのたわみと耐熱材の開発だった。

製造を担当した新規技術研究所の筧俊尚らは、いきなり大きなモーターケースは作れないので、まずは小さいサイズから始めた。製造するための設備や計測機器などはすべて美里工場の生産技術センターが内製した。ＪＡＸＡの実験施設を借りるにはいろいろ制約があるので簡単な実験なら自社でできるように燃焼試験場も美里の敷地内に作った。

「すべて内製するように」

それが酒巻から与えられたミッションだった。生産技術研究所はロケットモーターを製造する秩父工場と密に連絡を取り合い、設備や機器の打ち合わせや改修、調整などを行った。

モーターケースは、ＣＦＲＰをマンドレルに巻きつけて固め、最後にマンドレルを引き抜いて成型する。筧らにとって初めての経験だったが、小さいサイズは案外うまくできた。

ところがサイズが長くなると途端に難しくなった。計測すると設計通りの寸法にならない。中央部がＣＦＲＰの自重でたわんでしまうのだ。

どうすればいいか――？

誰も答えを知らない。何が正解なのかもわからない。ゼロベースでみんなで知恵を出し合い、試行錯誤を重ねた。最終的には自重で中央部がたわまないようなマンドレルの加工条件をシミュレーションするなどして問題の解決に導いた。目標とするサイズのモーターケースを作るまでには約2年かかった。耐圧や荷重などの宇宙品質もクリアする必要があった。もともとＣＦＲＰは強いが意外と伸びる。このためモーターケースの伸びに合わせて固形燃料もある程度伸びるようにする必要があった。宮里は、筧らと連携し、ＣＦＲＰの伸びや強度、ケースへの接着力などを試験しながら燃料の配合を工夫した。

一を言えば十を理解して図面にないことまでくみ取ってくれる——。

ＪＡＸＡにいた宮里は、キヤノン電子の製造現場の力に驚愕《きょうがく》し、尊敬の念を抱いた。

キヤノン電子生え抜き社員だけでモーターケースを製作

断熱材の開発にも苦労した。固形燃料の燃焼温度は約３０００度。モーターケースはその燃焼ガスを封じ込め制御してノズルから噴出する。ただし炭素繊維は微細な穴があるため気密性が低く、ガスを封じ込めるにはモーターケースの内側に耐熱材を貼る必要がある。

問題は３０００度に耐えられる断熱材がない、ということだ。そこで宮里は、燃え尽きない程度に断熱材の一部を燃やしてガスを発生させ、空気の層を作り、それを断熱材の代わりに利用することにした。断熱材は燃えても燃焼中だけ持てばいい——。そう考えた。断熱材を上手に燃やして断熱する。肉を切らせて骨を断つような発想で、宮里はそのための耐熱ゴムの開発を行った。

燃焼ガスの噴出ではノズルがガスの勢いで削られる。削れが大きくなると口が広がり推進力が落ちる。いかにこれを抑えるかが課題となり、設計の工夫や材料の選定で対応した。

すでに一段目のロケットモーターについては2019年4月に秋田県にあるJAXA宇宙科学研究所（ISAS）の能代《のしろ》ロケット実験場で燃焼試験を実施。ほぼ計画通りの性能を確認している。実用化に向けた大きな成果だった。

モーターケースはキヤノン電子の生え抜きの社員だけで作り上げた。

「メンバーみんなの掛け替えのない財産になった。我々の作ったロケットで人工衛星を宇宙に上げたい。宇宙事業にかかわる者だけでなく、すべての社員の希望だ」

筧の言葉は宇宙というビッグプロジェクトに挑戦できる喜びに溢《あふ》れている。

なおロケットモーターの開発では火薬メーカーの協力が不可欠で、その取り付けに苦労した。固体燃料に使われる推進薬は火薬類取締法で規制され、使える量などに制約がある。管理費もかかり、製造コストにはね返る。宮里は、火薬メーカーとの連携、協力に奔走、必要な量の推進薬の確保などに汗をかいた。

アビオニクスの開発――「SS-520 4号機」の失敗

酒巻はロケットモーターの研究と並行して「アビオニクス」の開発も始めた。ロケットに搭載される電力電装、誘導制御、搭載点検などの電子機器のことで、ロケットの頭脳に当たる。酒巻は民生品を利用した超小型のアビオニクスの開発をめざし、その責任者に東京本社画像情報システム研究所の所長山倉由博を任命した。

またロケットの段間接手や衛星接手の開発も進めることにした。段間接手は一段、二段、三段の各段のロケットモーターをつなぐ構造のことで、使い終わったモーターを切り離す仕組みも組み込まれている。衛星接手は衛星を軌道に放出するための構造である。酒巻は未来技術研究所の所長加藤宗利にこれらの開発を命じた。

開発に手応えを感じた酒巻は、ＪＡＸＡが手がけるミニロケット「SS-520 4号機」の開発に参画することを決定した。ミニロケットは全長９・５ｍ、質量約２・６ｔ、直径約０・５ｍの３段式。ＪＡＸＡが宇宙観測用に運用してきた二段式のSS-520の改良型で、東大の開発した超小型人工衛星「TRICOM-1」を宇宙へ運ぶ。民生品を活用して打ち上げコストを従来の10分の1以下の5億円程度にするのが狙いだ。

山倉ら画像情報システム研究所の開発陣は、ＪＡＸＡの開発チームと協力しながら、超小型人工衛星の開発でそうしたように、鍛え上げた自社の技術・ノウハウを駆使して、最適な民生品の調達やアビオニクスの超小型軽量化を進め、低コストの制御システムを構築、提供した。また加藤らの未来技術研究所の開発チームは、衛星接手のほか、東大のTRICOM-1の開発にも協力している。

SS-520 4号機がＪＡＸＡの内之浦宇宙空間観測所（鹿児島県肝付町）から打ち上げられたのは２０１７年1月15日午前8時33分。付近は快晴。カウントダウンのアナウンスが「ゼロ」を告げると、ロケットは真っ青な空に向かって勢いよく飛び立っていった。

現地でそれを見守っていた加藤は、きれいな軌道を見上げ、「よし、大成功！」と思いながら、管制塔に戻った。ところが様子がおかしい。みんな暗い顔をしている。

「どうしたんですか？」

「失敗です……」

「えーっ⁉」

あまりの衝撃に思わず加藤は大声を張り上げてしまった。あんなにきれいな軌道を描きながら空へ上がっていったのに……。信じられなかった。

異変が起きたのは打ち上げから20秒後だった。機体の温度や姿勢などロケットの状態が地上で受信できなくなった。ＪＡＸＡは3分後に行う予定だった2段目のロケットへの点火を中止した。機体の状態がわからないまま点火するとどこへ飛ぶかわからない。苦渋の決断だった。推力を失ったSS-520 4号機は、東大のTRICOM-1を乗せたまま海に落下した。

のちにＪＡＸＡの特定した原因はこうだ。打ち上げにともなう機体の激しい振動などでロケット内の電源ケーブルが機体本体に接触してカバーが破損、なかにある電線と機体の金属が触れ、ショートを起こし、通信機器への電源供給が絶たれた――。

いわゆる艤装《ぎそう》の問題に起因する電源喪失が原因で、キヤノン電子が担当したアビオニクスは何の問題もなく作動していたことが確認されている。それでも打ち上げ失敗直後は、コストダウンを狙って民生品を使ったのが原因ではないかとキヤノン電子に疑いの目を向ける声もあった。

酒巻自ら、リベンジを宣言

衛星システム研究所で通信部門の責任者を務める中山康信は、打ち上げ失敗直後に画像情報システム研究所の若手のスタッフたちが見せたうちひしがれた姿をよくおぼえている。ショックのあまり顔を引きつらせている者もいた。

所長の山倉は気丈に振舞っていたが、

「失敗したのは年寄りが悪い。自分のせいだ」

とぼそっとつぶやくのを中山は聞いている。

それから1週間ほどしたある日のこと。酒巻は宇宙事業にかかわる全社員約100人を本社地下のセミナールームに集めると、笑顔でこう語りかけた。

「来年、リベンジしよう」

その言葉に「おーっ」と静かなどよめきが起こった。その場にいた誰もが、打ち上げにともなう漁業補償やJAXAの射場の手当てなどを考えたら、失敗した翌年にもう一度打ち上げにチャレンジすることがどれほど大変か、よく知っていたからだ。酒巻の一言は、沈鬱な空気を一掃し、ベクトルを一気にまた翌年に振り向ける契機になった。

もっとも当の酒巻は、この時点ではまだ翌年の打ち上げを確かなものにしていたわけではなかった。にもかかわらず「来年のリベンジ」を社員に約束したのは二つの理由による。

一つには、失敗の原因はキヤノン電子のアビオニクスではないと確信しており――実際、のちにJAXAの調査で証明される――、責任を背負いこんだ山倉らの名誉を守るためにも、それを証明する機会を速やかに得るべきだと考えたからだ。

もう一つは、手をこまねいていれば、次の打ち上げは2年後か3年後になる。一度失敗したら次の打ち上げまでそんなに時間がかかるとなれば、誰も民間からチャレンジする者はいなくなる。初の民間参入のロケット打ち上げが失敗に終わったいまだからこそ、翌年にはリベンジの機会を得ないといけない。それは民間宇宙ビジネスの先駆者としてのキヤノン電子の使命だ――。そう考えたのだ。

酒巻は、「再挑戦に2年も3年もかかるようでは海外で笑われる。ぜひとも1年以内にもう一度打ち上げたい」とメディアに発言したのを皮切りに、民間の宇宙活動活性化のための提言、陳情など築いた永田町や霞が関の人脈に精力的に働きかけた。

JAXAが「2018年3月までに再挑戦する」と発表したのは、打ち上げ失敗から3カ月ほどした2017年4月7日のことだった。

「おれたちの力を証明しよう!」

打ち上げ再挑戦が本決まりとなり、山倉や加藤ら開発陣はリベンジに燃えた。

キヤノン電子は、再挑戦となるJAXAのSS-520 5号機に前回の4号機と同様、民生品を使った超小型軽量のアビオニクスと衛星接手を提供した。前回の失敗(電源喪失)にともないJAXAで一部設計の見直しが行われたことから、山倉らの提供するアビオニクスにも若干の変更があった。

最終的には、

①ネットワークシステム（民生技術のリアルタイム高速通信）
②冗長システム（バックアップ機能）
③分散冗長電源システム（電源のバックアップ機能）
④点火システム
⑤計測システム

などを構築、提供している。

アビオニクスの重量は、改良前の4・8kgが2・6kgとほぼ半分になった。酒巻の教えの「すべてを半分に」のものづくりはここでも見事に結果を出した。

SS-520 5号機は、2018年2月3日午後2時3分00秒、内之浦宇宙空間観測所から打ち上げられ、約7分30秒後、東大の超小型人工衛星TRICOM-1Rを予定通りの軌道へ投入することに成功した。

山倉らが作ったアビオニクスは完璧に作動し、民生品が宇宙ロケットに実装可能であることを証明してみせた。また加藤らが提供した衛星接手は見事に東大の人工衛星を目標軌道に放出した。その東大の衛星も前回同様に加藤らが開発に協力したものだった。画像情報システム研究所と未来技術研究所のメンバーは、1年前の屈辱を晴らし、歓喜に沸いた。

ここにキヤノン電子は、超小型人工衛星に続いてロケット製作においても技術的に大きな一歩を踏み出すことができた。

酒巻経営改革㉔　トップの信念
うまくいかないとき、失敗したとき、経営トップが下を向いたら、すべての動きが止まってしまう。苦しいときこそ、トップは信念を持って現場を鼓舞しなければならない。

成功したときも、下手に敵を作らない

酒巻は、SS-520 5号機の打ち上げを前に開発陣にこう釘《くぎ》を刺していた。

「ロケットも人工衛星も成功しようが失敗しようが、キヤノン電子は黒子に徹してけっして前に出るな。主役はあくまでJAXAと東大。それを忘れてはいけない」

酒巻はキヤノン時代の経験から、プロジェクトの成果を独り占めするような人間は必ず周

囲から疎まれ、排除されることを知っていた。プロジェクトにかかわった人間なら、誰が功労者なのかは、みんなわかっている。あえて言う必要はない。自分はかけがえのない知識と経験を得たのだから、それを実として、手柄はほしい人に譲ればいいのだ。

成功を誇らしく思っていた加藤は酒巻の、

「我々は一般消費者を相手にする商品を作っている。下手に前に出ると、どこで敵を作るかわからない。不買運動でもされたら困る。敵は作るな」

という言葉が強く胸に刺さった。経営トップはそこまで考えるのか、と。

山倉は、SS-520 5号機の成功を花道に画像情報システム研究所の所長を自ら退いた。後任の所長には、川瀬明直（宇宙技術研究所最高顧問）の会社の後輩で安全保障関係の制御機器の専門家である粕谷昭雄が就いた。SS-520 5号機のアビオニクスをさらに大きなロケットにも使えるようにアップグレードするのが任務だ。

宇宙村をよく知る粕谷は、1年で再打ち上げはあり得ないことを知っていた。宇宙事業への民間参入にかける酒巻社長の熱い思いが、たんに一企業のそれではなく、日本の未来をも見据えたものだと官僚も政治家も気づき、心を動かされたのだろうと思った。

「ぼくはね、日本のためにキヤノン電子のロケットを打ち上げたいんだよ」

粕谷は、酒巻の言葉に、夢の大きさに、心が震えた。

この人のために最高のアビオニクスを作ろう――。

そう思った。

射場――一気通貫の宇宙ビジネスの最後のピース

宇宙に人工衛星を上げるには、①人工衛星、②ロケット、③射場の三つが必要である。酒巻は人工衛星とロケットの開発を進めるなかで、あらためて射場の必要性を痛感する。

日本にはＪＡＸＡの内之浦宇宙空間観測所と種子島宇宙センター（鹿児島県南種子町）の二つしか射場がなく、しかも国の衛星が優先されるため、民間の事業者は自由に使えない。これでは民間の宇宙事業が活性化するはずがない。民間の射場が必要だ――。

そう考えた酒巻が陳情を重ねてようやく法整備にこぎつけたのが、２０１６年に成立した「人工衛星等の打上げ及び人工衛星の管理に関する法律」（通称「宇宙活動法」）だった。民間の宇宙事業を規定したこの法律によって民間でも射場が作れるようになった。

そこで酒巻は２０１７年夏、ＩＨＩエアロスペースなどと「新世代小型ロケット開発企画株式会社」を設立し、宇宙事業を構想した当初から考えていた一気通貫の宇宙ビジネスの最後のピースである射場の建設に向かっていよいよ動き出した。

キヤノン電子と組んだのは、ＩＨＩエアロスペース、清水建設、日本政策投資銀行の３社。ＩＨＩエアロスペースは１９５５年に日本で初めて打ち上げられた糸川博士のペンシルロケット以来、60年以上、日本の固体ロケット開発をリードしてきた宇宙企業だ。清水建設は１９８０年代から宇宙ホテルなどさまざまな宇宙構想を研究してきたことで知られる。日本政策投資銀行は宇宙ビジネスにもリスクを背負って投資する政府系金融機関だ。

４社は、自分たちで小型ロケットを作って顧客から預かった人工衛星を自前の射場から打ち上げる、というビジネスモデルを構想、事業性があるかどうか、１年かけて検討した。その結果、事業性ありと判断、２０１８年7月、第三者割当増資で資本金を1億円から14億円に増やすと同時に社名を「スペースワン」に変更した。

同社の事業を一言で言うとこうなる。

自社の専用小型ロケットと射場を使って、顧客の小型人工衛星を「オンタイム（好きなときに）・オンオービット（好きな軌道）」で所定の場所へ送り届ける「ロケットによる運送業」——。顧客の荷物（人工衛星）を顧客の指定する日に指定する場所（軌道）にロケットで配達する宇宙の宅配業者というイメージだ。そのために同社では全長約18ｍ、質量約23ｔ、小型の３段式固体ロケットを開発中だ。

武器は即応性。通常、衛星の打ち上げ契約を結んでから打ち上げまでは約2年かかるが、これを1年以内に短縮、年間20基の打ち上げを目指している。

それを支えるのが和歌山県串本町《くしもとちょう》で建設が始まっている専用の射場「スペースポート紀伊《きい》」だ。スペースワンは前身の企画会社を設立した直後から本格的に射場の適地を探し始めた。

射場を建設するには、

①射場の周辺の住民から歓迎されること
②射点を基点にして大体半径、少なくとも1km圏内は恒常的に無人であること
③射点から南方に、陸地とか島嶼《とうしょ》が存在しないこと
④本州から射場まで低コストで物資輸送ができること

などの条件をクリアする必要がある。

これらの条件を全国の自治体に知らせ、情報提供を求めたところ、すぐに和歌山県と串本町、那智勝浦町《なちかつうら》から手が挙がった。現地調査の結果、串本町を条件に合致した適地と判断、2019年3月、射場建設予定地として決定した。

翌4月には道路や敷地整備などの土木工事が始まり、秋までにほぼ完成。11月には起工式が行われ、総合指令棟やロケット組み立て棟など関連施設の建設が始まった。

ただし起工式を迎えるまでには土地の購入など地元との調整に時間を要した。近くを通る国道から射場までロケットなどを輸送する大型トラックを通すための道路整備は難題だった。地権者との折衝は、地元自治体の協力も得ながら、粘り強く交渉を続け、用地買収をまとめていった。地権者が不明な土地も多く、交渉相手を特定するのにも苦労した。何十人もいる法定相続人を探し出し、一人ひとり承諾を得るのは容易なことではなかった。なかには海外居住者もいたからだ。

困難なミッションを達成できたのは、前人未到の宇宙ビジネスにかける酒巻へのリスペクトと、何としても世界初の商業宇宙輸送（ロケットによる運送業）を実現したいという強い思いがあったから――。用地買収などを担当したスペースワンの社員はそう思っている。

見果てぬ夢

超小型人工衛星、小型固体ロケット、そして射場――。

幼い頃からの憧れとキヤノン電子の未来のために酒巻が密かに種を播《ま》き、育ててきた大きな夢は、まもなく本州最南端の紀伊半島の先端から宇宙へと飛び立とうとしている。

宇宙産業への参入を確固たるものにして、2025年までに世界トップレベルの宇宙企業に育て、2030年には宇宙関連事業だけで売上1000億円をめざす――。

酒巻の掲げるキヤノン電子の目標だ。短期的には新型コロナの影響があるだろうが、中長期的には宇宙利用の流れそのものが変わるとは思えない。

すでに人工衛星向けの部品の発売は始まっている。2017年6月にインドで打ち上げた初号機CE-SAT-Iは設計寿命を超えたいまも運用が続く。4年以上だ。対外的には十分な実績で、コスト競争に巻き込まれることなく、適正な価格での部品の販売に弾みがつくだろう。もちろん人工衛星そのものの販売にもつながるはずだ。

課題は、観測精度の向上とミッション開発。駐車台数のモニタリング、交通渋滞モニタリング、養殖用いけすの状況確認など漁業での活用、石油貯蔵量の予測……、画像に求める顧客のニーズはさまざまだ。顧客に向けて、宇宙ビジネスを利用すれば、こんなデータの活用ができる、とアピールするためのさらなる知恵出しが必要だ。

商機は無限だ。海外を視野に入れた営業の強化は必須である。

ロケットの開発は、ロケットモーター、アビオニクスともに着実に歩みを進めている。

あるとき酒巻は、こんな質問を受けた。

「宇宙事業は道楽ですか」

実質赤字のキヤノン電子を高収益の会社に再生させた経営者が、稼いだ金をじゃぶじゃぶ宇宙につぎ込んで遊んでいると思ったようだ。

酒巻は、笑いながら、こう返した。

「まさか。趣味ですよ」

道楽は無制限にお金を使い果たしていくが、キヤノン電子の宇宙への投資は、しっかり予算を立て、可能な範囲で、きちんと管理をしながらやっている。言ってみれば、毎月の小遣いの範囲でやる趣味のようなものだ。だから、会社を潰すことはない、と。

2021年3月、酒巻は代表権のある会長に就いた。新社長には酒巻の片腕として会社運営を支えてきた副社長の橋元健が就任した。

酒巻にはどうしてもかなえたい最後の夢がある。それは世界初の民間企業による月面着陸実況中継だ。月着陸船に高性能カメラを複数搭載し、月面、宇宙空間、地球を同時にとらえながら、着陸する瞬間をYouTubeでリアルタイムで中継する――。

酒巻は思う。その夢が会長の職にあるうちにかなえばもちろん言うことはないが、たとえ勇退した後であったとしても、それはまた別の大きな喜びになるに違いない、と。なぜなら、それはキヤノン電子の宇宙事業が自分がいなくなった後も順調に成長し、ついには世界のトップランナーたちと伍して戦えるようになった何よりの証にほかならないからだ。

酒巻 久（さかまき・ひさし）
キヤノン電子株式会社代表取締役会長。
1940年栃木県生まれ。67年キヤノン株式会社入社、研究開発部門に配属。VTRの基礎研究、複写機開発、ファックス開発、ワープロ開発、PC開発に従事。89年取締役システム事業部長兼ソフトウエア事業推進本部長、総合企画、環境保証なども担当後、96年常務取締役生産本部長。99年3月よりキヤノン電子株式会社社長に就任、6年で利益率10%超の高収益企業へと成長させる。近年は人工衛星とロケットという宇宙産業に参入、注目を集める。2021年3月より代表取締役会長。『キヤノンの仕事術』（祥伝社）、『リーダーにとって大切なことは、すべて課長時代に学べる』（朝日新聞出版）、『60歳から会社に残れる人、残ってほしい人』（幻冬舎）、『仕事の哲学』（PHP研究所）等、著書多数。

左遷社長《させんしゃちょう》の逆襲《ぎゃくしゅう》
ダメ子会社《こがいしゃ》から宇宙企業《うちゅうきぎょう》へ、キヤノン電子《でんし》・変革《へんかく》と再生《さいせい》の全記録《ぜんきろく》

2021年11月30日　第1刷発行

著　者　酒巻　久
発行者　三宮博信
発行所　朝日新聞出版
〒104-8011
東京都中央区築地5-3-2
電話　03-5541-8814（編集）　03-5540-7793（販売）
印刷所　大日本印刷株式会社

Published in Japan by Asahi Shimbun Publications Inc.
ISBN978-4-02-331991-2
定価はカバーに表示してあります。